新农村建设实用技术丛书

菜园科学施肥

科学技术部中国农村技术开发中心
组织编写

中国农业科学技术出版社

图书在版编目（CIP）数据

菜园科学施肥/贺建德，廖洪主编. —北京：中国农业科学技术出版社，2006.10

（新农村建设实用技术丛书·种植系列）

ISBN 978 - 7 - 80233 - 117 - 4

Ⅰ. 菜…　Ⅱ. 贺…　Ⅲ. 蔬菜 - 施肥　Ⅳ. S630.6

中国版本图书馆 CIP 数据核字（2006）第 137965 号

责任编辑	鲁卫泉
责任校对	贾晓红　康苗苗
整体设计	孙宝林　马　钢

出版发行	中国农业科学技术出版社
	北京市中关村南大街 12 号 邮编：100081
电　　话	(010) 68919704（发行部）(010) 62189012（编辑室）
	(010) 68919703（读者服务部）
传　　真	(010) 68975144
网　　址	http://www.castp.cn
经 销 者	新华书店北京发行所
印 刷 者	北京科信印刷厂
开　　本	850 mm×1168 mm 1/32
印　　张	4.75　插页 1
字　　数	100 千字
版　　次	2006 年 10 月第 1 版　2010 年 8 月第 10 次印刷
定　　价	9.80 元

《菜园科学施肥》编写人员

主　编： 贺建德　廖　洪

编写人员： 曲明山　王立平　宋威克　吴文强
　　　　　刘　彬　刘丽娟　张　勇　黄玖勤
　　　　　张立新

审　稿： 陆景陵　陈伦寿　刘宜生

贺建德

　　男，1971 年生，1996 年毕业于中国农业大学，北京市土肥工作站推广研究人员。主持或参与农业部重点项目、北京市重大项目 5 项，主持市科技项目 10 余项，重点主持开展了北京市安全农产品的科研攻关与技术推广，取得了多项技术成果。在国家一级刊物发表论文 5 篇，其他刊物发表论文多篇。获农业部丰收二等奖 1 项，北京市农业技术推广二等奖 2 项，三等奖 1 项。2003 年被农业部评为"全国农业科技年先进工作者"，2005 年在北京市农业局科技交流活动中获得三等奖，2004 年参与选育的"永丰一号"、"花蜜二号"两个西瓜品种通过北京市农作物品种审定委员会审定。2006年获北京市农业局"优秀共产党员称号"。主持编写了《新型肥料施用指南》一书。编写资料3种，拍摄测土配方施肥专题片一部。

廖　洪

　　男，1962生，1983年毕业于西南农业大学土壤农化专业。1986年派往荷兰参加欧共体援助"北京市蔬菜工厂化育苗项目"培训以及北京项目的实施。1993年调至北京市农业局科教处，从事科技项目计划、成果和科技人员的管理工作，2000年调至北京市土肥工作站。目前主要从事无公害农产品诊断施肥技术的研究、示范、推广，郊区农业废弃物——畜禽粪便的资源化开发利用，耕地质量监测管理与农业生态环境保护。先后获得农业部丰收计划二等奖2项，北京市星火科技二等奖1项，撰写、发表科技论文10余篇。现任北京土壤学会副理事长。

序

　　丹心终不改，白发为谁生。科技工作者历来具有忧国忧民的情愫。党的十六届五中全会提出建设社会主义新农村的重大历史任务，广大科技工作者更加感到前程似锦、责任重大，纷纷以实际行动担当起这项使命。中国农村技术开发中心和中国农业科学技术出版社经过努力，在很短的时间里就筹划编撰了《新农村建设系列科技丛书》，这是落实胡锦涛总书记提出的"尊重农民意愿，维护农民利益，增进农民福祉"指示精神又一重要体现，是建设新农村开局之年的一份厚礼。贺为序。

　　新农村建设重大历史任务的提出，指明了当前和今后一个时期"三农"工作的方向。全国科学技术大会的召开和《国家中长期科学技术发展规划纲要》的发布实施，树立了我国科技发展史上新的里程碑。党中央国务院做出的重大战略决策和部署，既对农村科技工作提出了新要求，又给农村科技事业提供了空前发展的新机遇。科技部积极响应中央号召，把科技促进社会主义新农村建设作为农村科技工作的中心任务，从高新技术研究、关键技术攻关、技术集成配套、科技成果转化和综合科技示范等方面进行了全面部署，并启动实施了新农村建设科技促进行动。编辑出版《新农村建设系列科技丛书》正是落实农村科技工作部署，把先进、实用技术推广到农村，为新农村建设提供有力科技支撑的一项重要举措。

　　这套丛书从三个层次多侧面、多角度、全方位为新农村建设提供科技支撑。一是以广大农民为读者群，从现代农业、农村社区、城镇化等方面入手，着眼于能够满足当前新农村建设中发展生产、乡村建设、生态环境、医疗卫生实际需求，编辑出版《新农村建设实用技术丛书》；二是以县、乡村干部和企业为读者群，着眼于新农村建设中迫切需要解决的重大问题，在新农村社区规划、农村住宅设计及新材料和节材节能技术、能源和资源高效利用、节水和给排水、农村生态修复、农产品加工保鲜、种植、养殖等方面，集成配套现有技术，编辑出版《新农村建设集成技术丛书》；三是以从事农村科技学习、研究、管理的学生、学者和管理干部等为读者群，着眼于农村科技的前沿领域，深入浅出地介绍相关科技领域的国内外研究现状和发展前景，编辑出版《新农村建设重大科技前沿丛书》。

该套丛书通俗易懂、图文并茂、深入浅出，凝结了一批权威专家、科技骨干和具有丰富实践经验的专业技术人员的心血和智慧，体现了科技界倾注"三农"，依靠科技推动新农村建设的信心和决心，必将为新农村建设做出新的贡献。

科学技术是第一生产力。《新农村建设系列科技丛书》的出版发行是顺应历史潮流，惠泽广大农民，落实新农村建设部署的重要措施之一。今后我们将进一步研究探索科技推进新农村建设的途径和措施，为广大科技人员投身于新农村建设提供更为广阔的空间和平台。"天下顺治在民富，天下和静在民乐，天下兴行在民趋于正。"让我们肩负起历史的使命，落实科学发展观，以科技创新和机制创新为动力，与时俱进、开拓进取，为社会主义新农村建设提供强大的支撑和不竭的动力。

中华人民共和国科学技术部副部长 刘燕华

2006 年 7 月 10 日于北京

目　录

一、蔬菜产业发展趋势与合理施肥

蔬菜生产作为我国农业生产的重要组成部分，与人们的日常生活息息相关，"菜篮子"工程建设一直受到各级政府的高度重视，高效安全标准化生产技术将在蔬菜生产上得到普遍应用，我国相继制定了更为科学严格的蔬菜质量认证体系，无公害蔬菜将逐渐成为我国蔬菜产品的主体，绿色、有机蔬菜将是未来我国蔬菜发展的方向。科学合理的施肥作为这其中的主要环节，起着重要作用。

（一）合理施肥的指标

1. 高产指标

即通过合理施肥措施能使作物单产在原有水平的基础上有所提高，因此"高产"指标只有相对意义，而不是以绝对产量为指标。

2. 优质指标

即通过合理施肥使养分能平衡供应，不仅能使作物单产水平有所提高；而且在产品质量方面也得到改善。在市场经济条件下，优质指标显得更为重要。

3. 高效指标

即通过合理施肥，不仅提高产量和改善品质，而且由于施肥合理，养分配比平衡，从而提高了产投比，施肥效益明显增加。"高效"是以施肥合理、提高产量和改善品质为前提的，而并不是单纯以减少化肥投入，降低成本来提高肥料的经济效益。

4. 生态指标

即通过合理施肥，尤其是施肥定量化，控制氮肥或磷肥用量，使土壤和水源不受污染，从而能保护环境，提高环境质量。因此，生态指标具有深远影响和深刻涵义。

5. 改土指标

即通过有机肥料与化肥的配合施用，在逐年提高作物单产的同时，使农田土壤肥力有所提高，从而达到改土目的，这是建设高产稳产农田的重要内容。农田土壤经过改良、培肥，不仅提高了土壤中有效养分的含量，而且对土壤物理性状，如通气性、透水性、保肥性、适耕性以及容重等也得到了改善，从而提高了土壤的缓冲性和抗逆性。

（二）蔬菜推荐施肥方法

1. 养分平衡法

又称目标产量配方法。它是联合国粮农组织（FAO）推荐的一种方法。它是根据预期目标产量计算出植株所需吸收的养分数量，再按照土壤测试结果计算出土壤能够提供养分数量，两者之差就是肥料养分的施用量。养分平衡法虽然简便、快速，容易实施，对推动我国农业生产的发展起了重要作用，但其中的一些参数不易准确确定。例如，对肥料利用率使用时，由于许多人所应用的肥料当季利用率偏低，从而容易造成推荐的施肥量偏高，这也是近年来氮肥推荐量高和土壤磷累积的原因之一。该方法以蔬菜吸收养分含量为基础，考虑各种养分之间的比例关系，进行简单的总养分量的一次性推荐，而没有考虑到植物不同时期对养分的不同需求，与分次施肥和灌水的蔬菜生产实际管理措施不相符。同时，对土壤本身的养分固持和吸附特性，特别是土壤氮素转化比较活跃等方面考虑较少，对土壤养分估计不足，尤其是在有机肥料施用量较大的情况下，目前的养分平衡方法中没有包括有机氮素养分的矿化作用，因而容易造成土壤氮素污染的潜在可能。

2. 肥料效应函数法

通过田间试验，建立施肥量与产量之间的函数关系，是正确理解作物对不同施肥水平的产量反应的一个较好的方法。该方法虽然在试验地点的结果精确度较高，反馈性好，但这种产量与施肥量水平的函数关系在很大程度上依赖于试验地块，因此需要在一个地区的不同土壤类型和生产条件下布置多点试验，积累不同年度的资料，费时过长，此外，由于蔬菜作物的品种差异，难以进行大面积的推广应用。同时，由于未能考虑土壤有机氮素和有机肥料的矿化，使得推荐氮肥施用量偏高，并且不能解决肥料分次施用推荐的问题。

3. 营养诊断法

生产上常常根据植株形态、营养水平、生理生化变化和土壤营养水平等方面的分析来判断植株营养状况。但是，植物分析只是估计植物体内的养分状况的一种诊断技术，不能提供肥料施用数量的信息。虽然在应用叶色、叶形、叶貌和植株硝酸盐含量等方法的植株营养诊断施肥技术取得了较大的进步，并且在大田作物上取得了较好的应用效果，但它们只能对作物的养分状况作出判断，对于土壤氮素的动态预测和施肥量的确定仍远远不够，而且，更重要的是，这些方法的测定结果往往只是在表征作物已经发生了养分胁迫时才起作用，此时进行施肥已经属于"亡羊补牢"，作物的正常生长不可避免地会受到影响，其结果只能是作物产量水平的降低或者品质的下降，最终影响蔬菜生产的经济效益。

综合地说，目前的蔬菜施肥技术和方法大多数都沿用大田作物的推荐思想，处于经验性和半定量的状况，这些方法的缺陷在于：

①没有充分考虑作物氮素吸收与土壤氮素供应的特点。

②没有考虑土壤有机氮素的矿化，导致推荐施肥量偏高，尤其是在我国蔬菜地普遍施用大量有机肥料的生产条件下，没有考虑有机肥料的矿化特点和对作物氮素营养的贡献。

③没有在充分协调作物产量和环境风险的前提下，考虑土壤无机氮素的残留问题。

④没有充分考虑蔬菜作物根系的发育和吸收特点对氮素吸收的影响。

⑤没有考虑灌溉方式及灌溉数量的影响。

（三）无公害蔬菜生产施肥原则与技术

1. 无公害蔬菜概念

（1）无公害蔬菜的概念　无公害蔬菜是指蔬菜产地环境、生产过程和品质符合国家有关标准和规范要求，经有关部门认证并允许使用无公害产品标志的未经加工或初加工的蔬菜。实际上是指商品蔬菜中不含某些规定的有毒物质或把其控制在容许的范围以内，即农药残留不超标；硝酸盐含量不超标；"三废"等有害物质不超标；病原微生物等有害微生物不超标；避免环境污染的危害。达到上述标准的，即可称其为无公害蔬菜，它不包括标准更高、要求更严的绿色食品（分为 A 级和 AA 级）和与国际接轨的有机食品。绿色食品是遵循可持续发展原则，按照绿色食品标准生产，经过专门机构认定，使用绿色食品标志的安全、优质食品。

（2）无公害蔬菜的特点

①蔬菜产地环境必须符合国家有关标准：所谓产地环境是指影响蔬菜生长发育的各种天然的和经过人工改造的自然因素的总体，包括农业用地、用水、大气、生物等。蔬菜的品质和产量是与环境息息相关的。环境条件符合蔬菜生长发育要求，蔬菜产量和品质就高，就能满足人们的需要，就能保证人们的身体健康，

菜农经济效益就高。环境条件不符合蔬菜生长发育要求，其品质和产量就低，就不能满足人们需要，进而种菜效益就差。若产地环境不符合国家有关标准和规范，所生产的蔬菜就会含有对人体有害的重金属等物质，将会被国家强制禁止上市甚至销毁。一般蔬菜基地要求连片，露地栽培面积不少于 150 亩，日光温室不少于 50 栋，设施栽培面积不少于 100 亩。这样才便于控制产地环境。

②蔬菜的生产过程必须符合国家有关规定：要求蔬菜生产者和经营者必须从栽种到管理、从收获到初加工全程严格按照标准进行，科学合理使用肥料、农药、灌溉用水等农业投入品。

③蔬菜品质必须符合国家有关标准：蔬菜的品质是其内在质量，合格的蔬菜品质是生产的必然要求，是人们追求的根本目的，直接关系到消费者身心健康，目前蔬菜品质十分严峻，一方面是农业生态环境破坏加剧、产地环境污染严重；另一方面是农业投入品使用不科学，化肥、农药使用不规范，两者共同作用，致使蔬菜品质下降，不仅影响了其市场竞争力，甚至造成人、畜急性或慢性中毒，危害人体健康。

④必须经有认证权的行政部门认证：根据中华人民共和国农业部、国家质检总局《无公害农产品管理办法》规定，一是产地环境认定由省级农业行政主管部门组织实施认定工作；二是生产过程质量控制由申请人（即生产经营单位或个人）严格按照有关标准或规范操作，省级农业行政主管部门组织现场检查；三是蔬菜品质检测由有资质的部级农产品质量检测中心检测；四是由农业部和国家认证认可的监督管理委员会核准并公告后颁发《无公害农产品认证证书》，该证书有效期为 3 年。

⑤允许使用无公害蔬菜标志：无公害蔬菜标志可以在证书规定的产品、包装、标签、广告、说明书上使用并且受工商和商标法保护。所获标志仅限在认证的品种、数量等一定范围内使用。如有伪造、冒用、转让、买卖无公害蔬菜产地认定证书、产品认

证证书和标志的，则由县级以上农业行政主管部门责令停止，并可处以罚款，没收违法所得。对于产地被污染或产地环境没达标的，使用农业投入品不符合标准的，擅自扩大无公害蔬菜产地范围的，省农业厅可以给予警告并限期整改，逾期未改正的则撤销其无公害蔬菜产地认证证书。

⑥蔬菜产品必须是未经加工的或只是初加工的蔬菜：保证蔬菜原有的风味品质和营养，是无公害蔬菜的本质要求。为了耐贮藏、好运输、便于交易，也可以初加工和包装。例如，脱水、分级、包装等。

2. 无公害蔬菜生产施肥原则

掌握生产无公害蔬菜的施肥原则，可以确保蔬菜中致癌性很强的硝酸盐及其他有害物质的含量不超标。

生产无公害蔬菜的施肥原则是：以有机肥料为主，化肥为辅；以多元复合肥为主，单质肥料为辅；以施基肥为主，追肥为辅。化肥施用应注意掌握以下原则：

①控制氮肥用量，一般每亩不超过25公斤纯氮。

②化肥必须与有机肥料配合施用，有机氮与无机氮比例为2：1。

③最后一次追施化肥应在收获前15天进行，使氮素在蔬菜体内有一个转化时间。

3. 无公害蔬菜生产施肥技术

生产无公害蔬菜对施用化肥的种类、用量等有严格的限制，以确保蔬菜中硝酸盐及其他有害物质的含量不超标。

（1）肥料种类

①农家肥：如堆肥、厩肥、沼气肥、绿肥、作物秸秆、饼肥等。

②生物菌肥：包括腐殖酸类肥料、根瘤菌剂肥料、磷细菌剂肥料、复合微生物剂肥料等。

③矿质肥料：如磷、钾矿物肥料等。

④微量元素肥料：即以铜、铁、硼、锌、锰、钼等微量元素及有益元素为主配制的肥料。

⑤其他肥料：如骨粉、含氨基酸的残渣、家畜加工废料、糖厂废料等。

（2）实施测土配方施肥 为降低污染，充分发挥肥效，应实施配方施肥。具体应包括肥料的品种和用量；基肥、追肥比例；追肥次数和时期，以及根据肥料特征采用的施肥方式。测土配方施肥是无公害蔬菜生产的基本施肥技术。

（3）应注意的问题

①人粪尿、畜禽粪便要充分发酵腐熟，追肥后要浇清水；严格禁止生、鲜人、畜粪便施入土壤。

②化肥要深施、早施：深施可以减少氮素挥发，延长供肥时间，提高氮素利用率。早施则利于植株早发快长，延长肥效，减轻硝酸盐积累。一般铵态氮施于 6 厘米以下土层，尿素施于 10 厘米以下土层。

③配施生物氮肥，增施磷、钾肥：配施生物氮肥是解决限用化学肥料的有效途径之一。磷、钾肥对增加蔬菜抗逆性有明显作用，对马铃薯、菊芋、甘薯、生姜等块茎的膨大效果更为明显，所以蔬菜生长期内，应注意增施磷、钾。值得一提的是，我国大部分老蔬菜生产区，由于长期施用二铵等氮、磷肥料，造成土壤中无机氮、有效磷积累严重，造成了许多缺素性生理病害的发生，在这些生产区域，要严格控制氮、磷肥用量，合理施用钾肥，要特别注意中微量元素的补充，避免生理性病害发生。

④根据蔬菜种类和栽培条件灵活施肥：不同类型的蔬菜，硝酸盐的累积程度有着很大差异，一般是叶菜高于瓜菜，瓜菜高于果菜。另外，同一种蔬菜在不同气候条件下，硝酸盐含量也有差异，一般，高温强光下，硝酸盐积累少。反之，低温弱光下，硝酸盐大量积累，在施肥过程中，应考虑蔬菜的种类、栽培季节和气候条件等，掌握合理的化肥用量，确保硝酸盐含量在无公害蔬

菜的规定范围之内。

（四）绿色蔬菜生产施肥原则与技术

1. 绿色蔬菜概念

绿色蔬菜是指遵循可持续发展的原则，在产地生态环境良好的前提下，按照特定的质量标准体系生产，并经专门机构认定，允许使用绿色食品标志的无污染的安全、优质、营养类食品的总称。"安全"是指在生产过程中，通过严密的监测和控制，防止有毒有害物质在蔬菜产销各个环节的污染，确保蔬菜内有毒有害物质的含量在安全标准以下，不对人体健康构成危害。"优质"是指蔬菜的商品质量要符合标准要求。"营养"是指蔬菜的内在品质，即品质优良，营养价值和卫生安全指标高。

为了保证绿色蔬菜的无污染、安全、优质和营养的特性，开发和生产绿色蔬菜有一套较为完整的质量标准体系，包括产地生态环境质量标准、生产操作规程和卫生标准等。绿色蔬菜的标准又分为 AA 级和 A 级标准。AA 级绿色蔬菜要求产地的环境质量符合中国绿色食品发展中心制定的《绿色食品产地环境质量标准》，生产过程中不使用任何化学合成的农药和肥料等，并禁止使用基因工程技术，产品符合绿色食品标准，经专门机构认定，许可使用 AA 级绿色食品标志的产品。A 级绿色蔬菜则要求产地的环境质量符合中国绿色食品发展中心制定的《绿色食品产地生态环境质量标准》，生产过程中严格按绿色食品生产资料使用准则和生产操作规程要求，允许限量使用限定的化学合成的农药和肥料，产品符合绿色食品标准，经专门机构认定，许可使用 A 级绿色食品标志的产品。

2. 绿色蔬菜生产施肥原则

在蔬菜生产中，肥料对蔬菜造成污染有两种途径，一是肥料中所含有的有害有毒物质如病菌、寄生虫卵、有毒气体、重金属等；二是大量施用氮肥造成硝酸盐在蔬菜体内积累。三是在设施栽培中，由于大量使用磷肥造成的磷素积累，露地条件下大量使用磷肥对地表水体造成的污染。因此，绿色蔬菜生产中施用肥料应坚持以有机肥料为主，化肥为辅；以基肥为主，追肥为辅，而且每次追肥要控制在一定的范围之内，以多元复合肥为主，单质肥料为辅的原则。

3. 绿色蔬菜生产施肥技术

（1）施肥种类

①有机肥料：有机肥料是生产绿色蔬菜的首选肥料，具有肥效长、供肥稳、肥害小等其他肥料不可替代的优点，如堆肥、厩肥、沼气肥、饼肥、绿肥、作物秸秆等。

②化肥：生产绿色蔬菜原则上限制施用化肥，如生产过程中确实需要，要科学施用。可用于绿色蔬菜生产的化肥有尿素、磷酸二铵、硫酸钾、钙镁磷肥、过磷酸钙等。

③生物菌肥：生物菌肥既具有有机肥料的长效性又具有化肥的速效性，并能减少蔬菜中硝酸盐的含量，改善蔬菜品质，改良土壤性状，因此，绿色蔬菜生产应积极推广使用生物肥，如根瘤菌剂、磷细菌剂、活性钾肥、固氮菌剂、硅酸盐细菌肥、复合微生物以及腐殖酸类肥料等，特别是在肥力高的老菜田，选择合适的生物菌肥对作物生产与土壤改良都非常有效。

④矿质肥料：如矿质钾肥、矿质磷肥等。

⑤微量元素肥料：以铜、铁、锌、锰、硼等微量元素为主配制的叶面肥或液体中施肥料。

（2）施肥措施

①重施有机肥料，少施化肥：充足的有机肥料，能不断供给蔬菜整个生育期对养分的需求，有利于蔬菜品质的提高。同时，在蔬菜生长的关键时期补给少量化肥也很重要。特别要注意有机肥品质、质量的选择，并且要控制合理的用量，并不是有机肥越多越好。

②重施基肥，少施追肥：绿色蔬菜生产要施足基肥，控制追肥，一般每亩施用纯氮 15 公斤，2/3 作基肥，1/3 作追肥，深施。

③重视化肥的科学施用：一是控制化肥用量，一般每亩施氮量应控制在纯氮 15 公斤以内。二是要深施、早施。一般铵态氮肥施于 6 厘米以下土层，尿素施于 10 厘米以下土层。早施有利于作物早发快长，延长肥效，减少硝酸盐积累。实践证明，尿素施用前经过一定处理，还可在短期内迅速提高肥效，减少污染。处理方法为：取 1 份尿素，8 ~ 10 份干湿适中的田土，混拌均匀后堆放于干爽的室内，下铺上盖塑料薄膜，堆闷 7 ~ 10 天即可做穴施追肥。三是要与有机肥料、微生物肥配合施用。

④施肥因地、因苗、因季节而异：不同的土壤质地，不同的苗情，不同的季节施肥种类、方法要有所不同，低肥菜地，可施氮肥和有机肥料，以培肥地力。蔬菜苗期施氮肥利于蔬菜早发快长。夏秋季节气温高，硝酸盐还原酶活性高，不利于硝酸盐的积累，可适量施用氮肥。另外，低温条件下；肥料用量适当增加，而在高温条件下，由于土壤养分矿化与微生物活动，可以减少肥料用量，以充分利用土壤中贮存的养分。

（五）有机蔬菜生产施肥原则与技术

1. 有机蔬菜

（1）有机农产品的概念　有机农产品是根据有机农业原则和有机农产品生产方式及标准生产、加工出来的，并通过有机食品认证机构认证的农产品。有机农业的原则是：在农业能量的封闭循环状态下生产，全部过程都利用农业资源，而不是利用农业以外的能源（化肥、农药、生产调节剂和添加剂等）影响和改变农业的能量循环。有机农业生产方式是利用动物、植物、微生物和土壤 4 种生产因素的有效循环，不打破生物循环链的生产方式。有机农产品是纯天然、无污染、安全营养的食品，也可称为"生态食品"。

（2）有机农产品的特点　有机农产品与其他农产品的区别主要有3个方面。

①禁止使用人工合成物质：有机农产品在生产加工过程中禁止使用农药、化肥、激素等人工合成物质，并且不允许使用基因工程技术。

②有机农产品在土地生产转型方面有严格规定：考虑到某些物质在环境中会残留相当一段时间，土地从生产其他农产品到生产有机农产品需要2~3年的转换期。

③有机农产品严格控制数量：有机农产品在数量上须进行严格控制，要求定地块、定产量。

2. 有机蔬菜生产施肥原则

施肥原则是在培肥土壤的基础上，通过土壤微生物的作用来供给作物养分，要求以有机肥料为主，辅以生物肥料，并适当种植绿肥作物培肥土壤。

3. 有机蔬菜生产施肥技术

（1）施肥种类

①农家肥，如堆肥、厩肥、沼气肥、绿肥、作物秸秆、饼肥等。

②生物菌肥，包括腐殖酸类肥料、根瘤菌剂、磷细菌剂、复合微生物肥料等。

③绿肥作物，如草木樨、紫云英、田菁、柽麻、紫花苜蓿等。

④有机复合肥，利用天然矿物质或其它天然原料生产配制的多元素肥料。

⑤其他有机生产产生的废料，如骨粉、含氨基酸的残渣、家畜加工废料、糖厂废料等。

（2）注意问题

①人粪尿及厩肥要充分发酵腐熟，最好通过生物菌沤制，并且追肥后要浇清水冲洗。另外，人粪尿含氮高，在薯类、瓜类及甜菜等作物上不宜过多施用。目前，我国畜禽养殖规模化较高，选择这类有机肥时，一是要经过有机认证，二是要严格控制饲料中一些有害成分，比如重金属、添加剂等，要形成一个概念有机食品不一定是用有机肥生产的食品，有机肥品种选择一定要严格，慎重，比如天然的豆粕、菜籽饼、羊粪、腐殖酸等均是较好的配料品种。

②秸秆类肥料在矿化过程中易于引起土壤缺氮，并产生植物毒素，要求在作物播种或移栽前及早翻压入土。

③有机复合肥一般为长效性肥料，在施用时，最好配施农家肥，以提高肥效。

（3）施用方法

①基肥：结合整地每亩施腐熟的厩肥或生物堆肥 3 000 ~ 5 000公斤，有条件的可使用有机复合肥作种肥，方法是在移栽或播种前，开沟条施或穴施在种子或幼苗下面，施肥深度以 5 ~ 10 厘米较好，注意中间隔土。

②追肥：追肥分土壤施肥和叶面施肥。土壤追肥主要是在蔬菜旺盛生长期结合浇水、培土等进行追施，主要使用人粪尿及生物肥等。叶面施肥可在苗期、生长期选取生物有机叶面肥。另外，施用 CO_2 气肥对有机生产效果特别明显。

③翻压绿肥：一般都在花期翻压，翻压深度 10 ~ 20 厘米，每亩翻压 1 000 ~ 1 500 公斤，可根据绿肥的分解速度，确定翻压时间。

此外，施肥应根据肥料特点、土壤性质、蔬菜种类和生长发育期灵活搭配，科学施用，才能有效培肥土壤，提高作物产量和改善品质。

二、菜田施肥要点

（一）蔬菜的营养特性

1. 蔬菜养分吸收特点

蔬菜是一种高度集约栽培的作物，其种类和品种繁多，生长发育特性和产品器官各有差别，与粮食作物相比，无论在需肥量上或者对不同养分的需求状况都存在相当大的差异，其共性表现在以下几方面。

（1）养分需要量大　多数蔬菜由于生育期较短，一般每年复种茬数多。因此，每公顷年产商品菜的数量相当可观。由于蔬菜的生物学产量很高，随产品从土壤中带走的养分相当多，所以蔬菜每公顷需肥量要比粮食作物多得多。将各种蔬菜吸收养分的平均值与小麦吸收养分量进行比较，蔬菜平均吸氮量比小麦高4.4倍，吸磷量高0.2倍，吸钾量高1.9倍，吸钙量高4.3倍，吸镁量高0.5倍。一般蔬菜生产的需肥量比粮食作物要多，这是蔬菜丰产的物质保证。

（2）带走的养分多　蔬菜除留种者外，均在未完成种子发育时即行收获，以其鲜嫩的营养器官或生殖器官作为商品供人们食用。因此，蔬菜收获期植株中所含的氮、磷、钾均显著高于大田作物，因为蔬菜属收获期养分非转移型作物，所以茎叶和可食器官之间养分含量差异小，尤其是磷，几近相同。大田蔬菜生长期间植株养分含量一直处于较高水平，使其能适应菜地的高肥沃度。同时，蔬菜为保持其收获期各器官都有较高的养分水平，需要较高的施肥水平，以满足其在较短时间内吸收较多的养分。

（3）对某些养分有特殊需求　尽管不同种类蔬菜在吸收养分方面存在较大差别，但与其他作物相比，仍有一定的特殊要求，如：①蔬菜喜硝酸态氮；②对钾的需求量大；③对钙需求量大；④蔬菜对缺硼和缺钼比较敏感。这些营养特点都是蔬菜合理施肥的重要依据。

2. 各类蔬菜的营养特性与施肥要点

不同种类的蔬菜生物学特性各异，由于供食器官不同，在对养分的吸收特性和需肥量等方面亦有明显差异，而同类蔬菜的需肥特性则有相似之处。因此，不同种类疏菜的施肥技术也不相同。菜田施肥必须根据不同疏菜的生长发育特性和需肥特点，采取相应的施肥技术。

（1）叶菜类　包括结球叶菜类的大白菜、甘蓝、花椰菜等及绿叶菜类的芹菜、菠菜、莴苣、油菜、茴香、芫荽等。它们共同的营养特点为氮、磷、钾三要素养分中以氮、钾素为最高，每1 000公斤产量吸收的氮和钾的量接近于1：1。根系入土较浅，属于浅根性作物，根系抗旱、抗涝力较弱。土壤过湿，氧气含量低时会严重影响对土壤养分的吸收；土壤干旱时，很容易发生缺钙和缺硼症状。叶菜类追肥以氮肥为主，但生长盛期在施用氮肥的同时，还需增施磷钾肥。如栽培大白菜，抓住开始进入莲座期和包心前的2次施肥是丰产的关键。如全生长期氮素供应不足，则植株矮小，组织粗硬，春季栽培的叶菜还易早期抽薹，结球类叶菜后期磷钾肥不足，往往不易结球。

（2）瓜果类　此类蔬菜包括番茄、茄子、辣椒、黄瓜、西葫芦等以采收果实为产品的一类蔬菜，属喜温性蔬菜，又是喜肥性蔬菜。其根系发达，吸肥力强，其中以茄子的吸肥能力最强，辣椒次之，番茄耐肥力较低。全生育期明显分为营养生长和营养生长与生殖生长并行期，即苗期与开花结果期两阶段。因此，在栽培管理上应采取适当措施，科学的调节营养生长与生殖生长之间矛盾。这类蔬菜的吸钾量最高，其吸收各元素的比例顺序是钾

>氮>磷。一般幼苗需氮较多，但过多施氮肥易引起徒长，反而延长开花、结果，增加落花、落果；进入生殖生长期，需磷量剧增，而需氮量略减，因此要增施磷钾肥，控制氮肥用量，黄瓜坐果后，就应重施钾肥，每次采摘瓜后均需补充养分。

（3）根菜类　根菜类蔬菜是指以肉质根供食用的蔬菜，主要有萝卜、胡萝卜、根用芥菜、芜菁、根甜菜等。它们的营养特点是：根系入土较深，其养分吸收在植株生育中期达到最高，以后逐渐减少，养分从叶部向根部转移，以促进根的膨大。吸收土壤中磷素的能力较强。对硼较为敏感，属于需硼较多的蔬菜。其生长前期主要供应氮肥，促使形成肥大的绿叶，到生长中后期（肉质根生长期），则要多施钾肥，适当控制氮肥用量，促进叶的同化物质运输到根中，以便形成强大的肉质直根，如果后期氮肥过多而钾肥不足，则易使地上部分徒长，根茎细小，产量下降，品质变劣。

（4）葱蒜类蔬菜　包括大蒜、韭菜、大葱、洋葱等。以叶片、假茎（由叶鞘抱合而成）或鳞茎（叶的变态，由叶鞘基部膨大而成）供食用。根系为弦状须根，几乎没有根毛，入土浅，根群小，吸肥力弱，需肥量大，属喜肥耐肥作物。要求土壤具有较强的保水、保肥能力，需施用大量有机肥料提高土壤的养分缓冲能力，同时以氮为主，氮、磷、钾配合，以保证植株健壮生长，并促使同化物送进储藏器官（如韭菜的根茎，葱头、大蒜的鳞茎，大葱的假茎等），从而获得优质高产。

（二）菜田施肥要点

1. 施用化肥注意事项

菜园施用化肥是增加蔬菜产量的有效措施之一，但如果使用方法不当，将会对蔬菜造成污染，降低蔬菜品质。要减轻化肥对蔬菜的污染，必须注意以下5点。

（1）深施盖土　氮肥深施可减少其与空气、阳光的直接接触，避免肥料挥发损失和对蔬菜产生污染。一般氮肥须施在10～15厘米深的土层中，对于种植根系发达的茄果类、薯芋类和根菜类蔬菜的地块，应将氮肥深施在15厘米以下的根系层。磷钾肥在土壤中移动性差，适当深施是必要的，有利于蔬菜作物吸收。

（2）及早施用　叶菜类蔬菜和生育期短的蔬菜，氮肥宜及早施用，一般在苗期施用为好。提早施用氮肥能避免蔬菜体内硝酸盐积累，一般应在收获前10～15天停止施用氮肥，使氮素在蔬菜体内有吸收转化时间，可减少硝酸盐积累。

（3）控制用量　蔬菜中硝酸盐的累积量会随氮肥施用量的增加而提高，因此应尽量少量多次施用。一般每亩每次氮肥用量应控制在纯氮10公斤以下，肥力较高的菜地应减少施用。

（4）注意叶面喷施　叶菜类蔬菜叶面喷施氮肥应注意在采收安全期前，因为氮肥中的铵离子与空气接触后易转化成硝酸根离子，被叶片吸收，加上叶菜类蔬菜生育期短，很容易使硝酸盐积存在叶内。因此，要在叶菜类蔬菜收获前15天停止叶面喷施氮素化肥，以防污染蔬菜。蔬菜施用微肥时，注意不要过量，过量施用微肥不仅造成浪费，而且对作物易产生毒害，污染环境。为此，建议叶面喷施多元液体微肥，以达安全、高效的目的。

（5）慎用含氯化肥　氯是植物必需的营养元素之一。但常年施用含氯化肥，土壤中氯离子过多时，对植物也有毒害作用。在许多情况下氯害虽未达到出现可见症状程度，但轻则抑制植物生长，重则减产。菜豆、马铃薯、莴苣和一些其他豆科作物属于对氯敏感的作物，应减少含氯肥料的施用。

2. 有机肥料施用注意要点

有机肥料在为蔬菜提供全面营养、刺激蔬菜生长、提高蔬菜抗旱耐涝能力、促进土壤微生物繁殖、改良土壤结构、增强土壤的保肥供肥及缓冲能力、提高肥料利用率等方面发挥着重要作用，但有机肥料成分复杂，又含有大量病菌、虫卵等，因此科学施用有机肥料尤为重要。

（1）要充分腐熟 畜禽粪便、作物秸秆等有机废弃物由于可能含有较多的病菌、虫卵、草籽等，容易引起蔬菜病虫害，另外也会通过蔬菜传播一些对人类健康有害的疾病。再者，直接施用的有机废弃物在田间会进一步发酵，产生大量热量，易引起烧苗。因此，提倡施用充分腐熟的有机肥料或商品有机肥料，可最大限度地避免上述现象的发生。如施用半腐熟有机肥料应与根系之间有土隔开。

（2）施用要适量 有机肥料养分含量低，对作物生长影响不明显，不像化肥容易烧苗，而且土壤中积聚的有机物改良土壤作用明显，但过量施用有机肥料也会产生危害，主要表现在导致烧苗，使土壤中磷、钾等养分大量积聚，甚至造成重金属等有害物质的积累，造成土壤养分不平衡。因此，有机肥料施用要适量，一般商品有机肥料控制在每亩 1 000 公斤以下，农家肥施用每亩在 4 000 公斤以下。

（3）要合理搭配施用 有机肥料与化肥之间以及有机肥料品种之间应注意合理搭配施用，才能充分发挥肥料的缓效与速效相结合的优点，调控蔬菜生长与品质。如羊粪中养分含量在家畜粪便中最高，分解速度较快，肥效较猛，为达到肥效平稳，应在羊粪中加入猪粪或牛粪混合施用；人粪尿是速效性有机肥料，施用时应搭配粗纤维含量较高的厩肥和磷、钾化肥。有些有机肥料碳氮比很宽，施用后土壤微生物与作物争氮，引起氮素不足，则需配施适量的化学氮肥。有机肥料配施磷肥有利于提高磷肥的肥效，有机肥料与生物肥搭配施用也有利于提高肥效。

（4）施用方式方法要科学 有些有机肥料肥效长，养分释放缓慢，一般应作基肥，结合深耕施用有利于土肥相融，促进水稳性团粒结构的形成，有效地改良土壤。作物生长期间施用有机肥料，应开沟条施或挖坑穴施，施后及时覆土，切不可撒于地表。叶菜类一般不宜叶面喷施高浓度液体有机肥料。

（5）正确选择商品有机肥料　当前相当部分菜农在蔬菜生产中缺乏有机肥料源，主要靠购买商品有机肥料。在选购时往往受到习惯与经验的影响，认为"有机肥料不臭就不是真正的有机肥料、有机肥料中有部分木屑等物就是掺假的肥料"等。其实这是一个很大的误区，是广大农户不了解有机肥料的生产过程所致。当前生产的绝大多数有机肥料均是利用有机物料进行高温发酵而制成的。在发酵过程中如能较好地控制供气、控温及微生物菌种、并加入除臭物质，因此在发酵过程中及生产出的发酵产品均不会带有臭味，有的产品甚至还会带有某种特殊的香味；只有那些未经发酵、发酵不充分、厌氧发酵的产品才会带有臭味，这样的产品并不是真正质优的有机肥料。另外，为了促使发酵顺畅，往往还需要通过加入木屑等物调节物料 C/N 比、含水量等，因此发酵产物中含有部分木屑等物是完全正常的，并非是掺假的肥料。当前有机肥料产品标准中对肥料养分含量有明确的要求，同时也确立了无害化指标。因此，选择有信誉的厂家生产的各项指标达标的商品有机肥料才是蔬菜安全生产的保证。

3. 微量元素肥料施用要点

微量元素肥料施用有其特殊性，如果施用不当，不仅不能增产，甚至会使作物受到严重肥害。为提高肥效，减少肥害，施用时应注意如下事项。

（1）控制用量、浓度，力求施用均匀　作物需要微量元素的数量很少，许多微量元素从缺乏到过量的浓度范围很窄，因此，施用微量元素肥料要严格控制用量，防止浓度过大，土壤施用固体微肥时必须注意均匀，提倡施用多元复合液体微肥，也可将微量元素肥料拌混到有机肥料中施用。

（2）针对土壤中微量元素状况而施用　在不同类型、不同质地的土壤中，微量元素的有效性及含量不同，因此，施用微量元素肥料的效果也不一样。一般来说，北方的石灰性土壤其铁、锌、锰、铜、硼的有效性低，易出现缺乏；而南方的酸性土壤其钼的有效性低。因此，施用微肥时应针对土壤中微量元素状况合理施用。

（3）注意各种作物对微量元素的敏感度　各种作物对不同的微量元素敏感程度不同，需要量也不同，施用效果有明显差异，如油菜对缺硼敏感，胡萝卜对缺硼、锰敏感，豆科作物对缺钼、硼敏感，马铃薯对氯敏感，不宜施含氯化肥，特别在肥力较高含磷丰富的菜田中一定要注意锌肥的补充。所以，要针对不同作物对微量元素的敏感程度和肥效，合理选择和施用。

（4）注意改善土壤环境　土壤微量元素供应不足，往往是由于土壤环境条件的影响。土壤的酸碱性是影响微量元素有效性的首要因素，其次还有土壤质地，土壤水分、土壤氧化还原状况等因素。叶面喷施可以解决当季作物的微量元素缺乏的问题，但要彻底解决问题，要注意改善土壤环境条件，如酸性土壤可通过施用有机肥料或施用适量石灰等措施调节土壤酸碱性，改善土壤微量元素营养状况。

（5）与大量元素肥料、有机肥料配合施用　只有在满足了作物对大量元素氮、磷、钾等养分的前提下，微量元素肥料才能表现出明显的增产效果。有机肥料含有多种微量元素，作为维持土壤微量元素肥力的一个重要养分补给源，不可忽视。施用有机肥料，可调节土壤环境条件，达到提高微量元素有效性的目的。有机肥料与微肥的配合施用，应是今后农业生产中土壤微量元素养分管理的重要措施。

（三）主要蔬菜作物的施肥技术

1. 番茄的营养特性与施肥技术

（1）营养特性　番茄为茄果类蔬菜，具有喜温喜光、耐肥及半耐旱的生物学特性，适宜栽培在土层深厚，排水良好，富含有机质的肥沃壤土。番茄为深根性作物，根系发达，吸收能力强，大部分根群分布在 30～50 厘米的土层中。番茄的生育周期大致分为发芽期、幼苗期、开花坐果期和结果期。

番茄产量高，需肥量大，耐肥能力强，对钾、钙、镁的需要量较大。采收期较长，需要边采收边供给养分。每生产 1000 公斤番茄需氮（N）2.1～3.4 公斤，磷（P_2O_5）0.64～1.0 公斤，钾（K_2O）3.7～5.3 公斤，钙（CaO）2.5～4.2 公斤，镁（MgO）0.43～0.90 公斤。番茄定植后，各个时期吸收的氮、钾量均大于吸磷量。春秋茬番茄苗期对养分的吸收量较少，春茬苗期吸收氮、磷、钾的量占整个生育期各养分总吸收量的 3.9%、2.6% 和 2.3%，秋茬则占到 13.5%、11.3% 和 9.6%，秋茬养分吸收比例比春茬高。定植后 20～40 天，养分吸收速率明显加快，吸收量增加。春茬吸收氮、磷、钾的量占整个生育期各养分总吸收量的 31.7%、24.5% 和 24.3%，秋茬则占到 43.7%、67.4% 和 64.6%，此期秋茬的吸收量明显高于春茬，且吸钾量较高。盛果期，春茬番茄对养分的吸收量达到高峰，吸收氮、磷、钾的量占整个生育期各养分总吸收量的 41.8%、36.5% 和 58.9%，而秋茬对养分吸收的速率下降，只占到 22.0%、36.8% 和 13.9%。在生育末期，春茬吸收氮、磷、钾的量占整个生育期各养分总吸收量的 21.9%、36.8% 和 13.9%，秋茬则占到 19.4%、11.0% 和 8.9%。可见，春茬番茄的养分吸收主要在中后期，而秋茬番茄则集中在前中期。

（2）施肥技术　番茄全生育期每亩施肥量为农家肥 3 000～3 500 公斤（或商品有机肥料 400～450 公斤），氮肥（N）17～20 公斤、磷肥（P_2O_5）6～8 公斤、钾肥（K_2O）11～14 公斤。有机肥料作基肥，氮、钾肥分基肥和三次追肥施用，各次施肥比例为 2∶3∶3∶2，磷肥全部作基肥，化肥和农家肥（或商品有机肥料）混合施用。

①基肥：每亩施用农家肥 3 000 ~ 3 500 公斤或商品有机肥料 400 ~ 450 公斤，尿素 5 ~ 6 公斤，磷酸二铵 13 ~ 17 公斤，硫酸钾 7 ~ 8 公斤。

②追肥：第一穗果膨大期亩施尿素 8 ~ 9 公斤，硫酸钾 5 ~ 6 公斤；第二穗果膨大期亩施尿素 11 ~ 13 公斤，硫酸钾 6 ~ 8 公斤；第三穗果膨大期亩施尿素 8 ~ 9 公斤，硫酸钾 5 ~ 6 公斤。

③根外追肥：第一穗果至第三穗果膨大期，叶面喷施 0.3% ~ 0.5% 的尿素或 0.5% 磷酸二氢钾或 0.5% ~ 0.8% 的硝酸钙水溶液或微量元素肥料 2 ~ 3 次。设施栽培可增施二氧化碳气肥。

以北京地区为例，番茄有关施肥量推荐方案见表 2 - 1、表 2 - 2 和表 2 - 3。

表 2 - 1　番茄推荐施肥量　　　　　　（公斤/亩）

肥力等级	目标产量	纯氮	五氧化二磷	氧化钾
低肥力	3 000 ~ 4 000	19 ~ 22	7 ~ 10	12 ~ 15
中肥力	4 000 ~ 5 000	17 ~ 20	6 ~ 8	11 ~ 14
高肥力	5 000 ~ 6 000	15 ~ 18	5 ~ 7	10 ~ 12

表 2 - 2　番茄测土配方施肥基肥推荐方案（公斤/亩）

	肥力水平	低肥力	中肥力	高肥力
	产量水平	3 000 ~ 4 000	4 000 ~ 5 000	5 000 ~ 6 000
有机肥料	农家肥	3 500 ~ 4 000	3 000 ~ 3 500	2 500 ~ 3 000
	或商品有机肥料	450 ~ 500	400 ~ 450	350 ~ 400
氮肥	尿素	5 ~ 6	5 ~ 6	4 ~ 5
	或硫酸铵	12 ~ 14	12 ~ 14	9 ~ 12
	或碳酸氢铵	14 ~ 16	14 ~ 16	11 ~ 14
磷肥	磷酸二铵	15 ~ 22	13 ~ 17	11 ~ 15
钾肥	硫酸钾（50%）	7 ~ 9	7 ~ 8	6 ~ 7
	或氯化钾（60%）	6 ~ 8	6 ~ 7	5 ~ 6

表 2 - 3   番茄测土配方施肥追肥推荐方案（公斤/亩）

施肥时期	低肥力		中肥力		高肥力	
	尿素	硫酸钾	尿素	硫酸钾	尿素	硫酸钾
第一穗果膨大期	9～10	5～6	8～9	5～6	7～8	4～5
第二穗果膨大期	12～14	7～8	11～13	6～8	10～12	6～7
第三穗果膨大期	9～10	5～6	8～9	5～6	7～8	4～5

2. 茄子的营养特性与施肥技术

（1）营养特性   茄子是茄科茄属植物，喜高温，喜光照，产量高，需水量大，比较耐肥，但不耐干旱，也不耐涝。适于富含有机质，土层深厚，保水保肥能力强，通气排水良好的土壤，适宜的土壤 pH 值为 6.8～7.2，较耐盐碱。茄子根系发达，成株根系可深达 1.3～1.7 米，横向伸长可达 1～1.3 米，主要根群分布在 33 厘米内的土层中。茄子的生育周期大致分为发芽期、幼苗期和结果期。

茄子生育期长，采摘期长，产量高，养分吸收量大，但耐肥能力差。每生产 1 000 公斤茄子需氮（N）3.2 公斤，五氧化二磷（P_2O_5）0.94 公斤，氧化钾（K_2O）4.5 公斤。茄子对氮、磷、钾的吸收量，随着生育期的延长而增加。苗期氮、磷、钾三要素的吸收仅为其总量的 0.05%、0.07%、0.09%。开花初期吸收量逐渐增加，到盛果期至末果期养分的吸收量占全期的 90% 以上，其中盛果期占 2/3。各生育期对养分的要求不同，生育初期的肥料主要是促进植株的营养生长，随着生育期的推进，养分向花和果实的输送量增加。在盛花期，氮和钾的吸收量显著增加，这个时期如果氮素不足，花发育不良，短柱花增多，产量将降低。

（2）施肥技术   茄子全生育期每亩施肥量为农家肥 3 000～3 500 公斤（或商品有机肥料 400～450 公斤），氮肥（N）14～17 公斤，磷肥（P_2O_5）4～6 公斤，钾肥（K_2O）10～13 公斤，有机肥料作基肥，氮、钾肥分基肥和二次追肥，磷肥全部作基肥，化肥和农家肥（或商品有机肥料）混合施用。

①基肥：每亩施用农家肥 3 000 ~ 3 500 公斤或商品有机肥料 400 ~ 450 公斤，尿素 4 ~ 5 公斤，磷酸二铵 9 ~ 13 公斤，硫酸钾 6 ~ 8 公斤。

②追肥：对茄膨大期亩施尿素 11 ~ 14 公斤，硫酸钾 7 ~ 9 公斤；四母斗膨大期追尿素 11 ~ 14 公斤，硫酸钾 7 ~ 9 公斤。

③根外追肥：缺钾地区可在茄子膨大期叶面喷施 0.2% ~ 0.5% 磷酸二氢钾水溶液补充钾肥，还可叶面喷施微量元素以补充微肥。设施栽培可增施二氧化碳气肥。

以北京地区为例，茄子有关施肥量推荐方案见表 2 - 4、表 2 - 5 和表 2 - 6。

表 2 - 4　茄子推荐施肥量　　　　　（公斤/亩）

肥力等级	目标产量	纯氮	五氧化二磷	氧化钾
低肥力	2 500 ~ 3 500	16 ~ 19	5 ~ 7	12 ~ 15
中肥力	3 500 ~ 4 500	14 ~ 17	4 ~ 6	10 ~ 13
高肥力	4 500 ~ 5 500	13 ~ 16	4 ~ 5	9 ~ 11

表 2 - 5　茄子测土配方施肥（基肥推荐方案）

（公斤/亩）

	肥力水平	低肥力	中肥力	高肥力
	产量水平	2 500 ~ 3 500	3 500 ~ 4 500	4 500 ~ 5 500
有机肥料	农家肥	3 500 ~ 4 000	3 000 ~ 3 500	2 500 ~ 3 000
	或商品有机肥料	450 ~ 500	400 ~ 450	350 ~ 400
氮肥	尿素	5	5	4 ~ 5
	或硫酸铵	12	12	9 ~ 12
	或碳酸氢铵	14	14	11 ~ 14
磷肥	磷酸二铵	11 ~ 15	9 ~ 13	9 ~ 11
钾肥	硫酸钾（50%）	7 ~ 9	6 ~ 8	5 ~ 7
	或氯化钾（60%）	6 ~ 8	5 ~ 7	4 ~ 6

表 2 - 6　茄子测土方施肥追肥推荐方案　（公斤/亩）

施肥时期	低肥力		中肥力		高肥力	
	尿素	硫酸钾	尿素	硫酸钾	尿素	硫酸钾
对茄膨大期	13 ~ 15	9 ~ 10	11 ~ 14	7 ~ 9	10 ~ 14	6 ~ 8
四母斗膨大期	13 ~ 15	9 ~ 10	11 ~ 14	7 ~ 9	10 ~ 14	6 ~ 8

3. 甜椒的营养特性与施肥技术

（1）营养特性　甜椒属于茄果类蔬菜。具有喜温、怕涝、喜光的特性，需水量不太高，比较耐旱。对土壤有较强的适应性，以疏松、保水、保肥、不渍涝、肥沃、中性至微酸性土壤最好，最适土壤 pH 值为 5.6 ~ 6.8，耐盐性较高。甜椒根系不发达，根量少入土浅，茎基部不易生不定根，主要根群仅分布在土表 10 ~ 15 厘米的土层内。甜椒生育周期包括发芽期、幼苗期、开花结果期。

甜椒养分含量高，生长期长，需肥量比较大，每生产 1 000 公斤甜椒需氮（N）5.2 公斤，五氧化二磷（P_2O_5）1.1 公斤，氧化钾（K_2O）6.5 公斤，钙（CaO）1.4 ~ 3.6 公斤，镁（MgO）0.40 ~ 1.9 公斤。甜椒幼苗期对养分的吸收量极少，主要集中在结果期，此时吸收养分量最多，氮、磷、钾的吸收量分别占各自吸收总量的 57%、61%、69% 以上。对氮的吸收随生育期进程逐步提高，在结果期以前，主要分布在茎叶中，占氮素吸收总量的 80% 以上，随着果实的形成及膨大，果实中分配的养分数量逐步增加，从开花至采收期果实中吸收量仅占 17.2%，采收盛期为 24.4%，收获结束前高达 33.6%。对磷的吸收虽然随生育进展而增加，但吸收量变化的幅度较小。对钾的吸收在生育初期较少，从果实采收初期开始，吸收量明显增加，一直持续到结束。钙的吸收也随生育期的推进而增加，在果实发育期供钙不足，易出现脐腐病。镁的吸收峰值出现在采果盛期，生育初期吸收较少。

（2）施肥技术　甜椒全生育期每亩施肥量为农家肥 3 000 ~ 3 500 公斤（或商品有机肥料 400 ~ 450 公斤），氮肥（N）18 ~ 22 公斤，磷肥（P_2O_5）6 ~ 8 公斤，钾肥（K_2O）12 ~ 15 公斤，有机肥料作基肥，氮、钾肥分基肥和三次追肥，各次施肥比例为 2∶3∶3∶2，磷肥全部作基肥，化肥和农家肥（或商品有机肥料）应混合施用。

①基肥：每亩施用农家肥 3 000 ~ 3 500 公斤或商品有机肥料 400 ~ 450 公斤，尿素 5 ~ 6 公斤，磷酸二铵 13 ~ 17 公斤，硫酸钾 7 ~ 9 公斤。

②追肥：门椒膨大期每亩施尿素 9 ~ 10 公斤，硫酸钾 5 ~ 6 公斤；对椒膨大期追施尿素 12 ~ 14 公斤，硫酸钾 7 ~ 8 公斤；四门斗膨大期亩施尿素 9 ~ 10 公斤，硫酸钾 5 ~ 6 公斤。

③根外追肥：出现缺钙、缺镁或缺硼症状时，可叶面喷施 0.3% 的氯化钙、1% 的硫酸镁或 0.1% ~ 0.2% 的硼砂水溶液 2 ~ 3 次。设施栽培可增施二氧化碳气肥。

以北京地区为例，甜椒有关施肥量推荐方案见表 2 - 7、表 2 - 8 和表 2 - 9。

表 2 - 7　甜椒推荐施肥量　　　　（公斤/亩）

肥力等级	目标产量	纯氮	五氧化二磷	氧化钾
低肥力	2 000 ~ 3 000	21 ~ 24	7 ~ 9	14 ~ 16
中肥力	3 000 ~ 4 000	18 ~ 22	6 ~ 8	12 ~ 15
高肥力	4 000 ~ 5 000	17 ~ 20	5 ~ 7	10 ~ 13

表 2 - 8　甜椒测土配方施肥推荐卡（基肥推荐方案）

（公斤/亩）

	肥力水平	低肥力	中肥力	高肥力
	产量水平	2 000 ~ 3 000	3 000 ~ 4 000	4 000 ~ 5 000
有机肥料	农家肥	3 500 ~ 4 000	3 000 ~ 3 500	2 500 ~ 3 000
	或商品有机肥料	450 ~ 500	400 ~ 450	350 ~ 400

续表

肥力水平		低肥力	中肥力	高肥力
氮肥	尿素	6~7	5~6	5~6
	或硫酸铵	14~16	12~14	12~14
	或碳酸氢铵	16~19	14~16	14~16
磷肥	磷酸二铵	15~20	13~17	11~15
钾肥	硫酸钾(50%)	8~10	7~9	6~8
	或氯化钾(60%)	7~9	6~8	5~7

表 2 – 9　甜椒测土配方施肥追肥推荐方案（公斤/亩）

施肥时期	低肥力		中肥力		高肥力	
	尿素	硫酸钾	尿素	硫酸钾	尿素	硫酸钾
门椒膨大期	10~11	6~7	9~10	5~6	8~10	4~5
对椒膨大期	14~15	8~9	12~14	7~8	12~13	6~7
四母斗膨大期	10~11	6~7	9~10	5~6	8~10	4~5

4. 黄瓜的营养特性与施肥技术

（1）营养特性　黄瓜为一年生攀缘性草本植物，属耗水量大，吸水能力强的作物，适宜在保水能力强的土壤中生长，需经常灌溉。黄瓜根系主要分布于表土下 25 厘米内，10 厘米内最为密集，侧根横向集中于半径 30 厘米内。北京地区的春茬黄瓜一般在 3 月播种，5 月上旬至 7 月上旬采收；秋茬黄瓜播种期为 7 月初，收获期为 8 月中旬至 9 月中旬。黄瓜的生育周期大致分为发芽期、幼苗期、初花期和结果期。

黄瓜的营养生长与生殖生长并进时间长，产量高，需肥量大，喜肥但不耐肥，是典型的果蔬型瓜类作物。每生产 1 000 公斤商品瓜需氮（N）2.8~3.2 公斤，磷（P_2O_5）1.2~1.8 公斤，钾（K_2O）3.3~4.4 公斤，钙 2.9~3.9 公斤，镁 0.6~0.8 公斤。生育前期养分需求量较小，氮的吸收量只占全生育期氮素吸收总量的 6.5%。随着生育期的推进，养分吸收量显著增加，到结瓜期时达到吸收高峰。在结瓜盛期的 20 多天内，黄瓜吸收的氮、磷、钾量要分别占吸收总量的 50%、47% 和 48%。到结瓜后期，生长速度减慢，养分吸收量减少，其中以氮、钾减少较为明显。

（2）施肥技术　黄瓜全生育期每亩施肥量为农家肥 3 000 ~ 3 500 公斤（或商品有机肥料 400 ~ 450 公斤），氮肥（N）14 ~ 18 公斤，磷肥（P_2O_5）6 ~ 8 公斤，钾肥（K_2O）9 ~ 11 公斤。有机肥料作基肥，氮、钾肥分基肥和 3 ~ 4 次追肥，每次追肥量平均分配，磷肥全部作基肥，化肥和农家肥（或商品有机肥料）混合施用。

①基肥：每亩施用农家肥 3 000 ~ 3 500 公斤或商品有机肥料 400 ~ 450 公斤，尿素 4 ~ 5 公斤，磷酸二铵 13 ~ 17 公斤，硫酸钾 3 ~ 4 公斤。

②追肥：全生育期追肥 3 ~ 4 次，第一次追肥在根瓜收获后，以后每 10 ~ 15 天追肥一次，每次亩施尿素 7 ~ 8 公斤，硫酸钾 5 ~ 6 公斤。追肥也可以高氮、高钾的冲施肥代替单质肥。

③根外追肥：为了补充磷、钾和微量元素的不足，可在结瓜期叶面喷施 0.5% 的磷酸二氢钾或 0.1% 的硼砂或多元素微肥 2 ~ 3 次。设施栽培可增施二氧化碳气肥。

以北京地区种植露地黄瓜的有关施肥量推荐方案见表 2 - 10、表 2 - 11 和表 2 - 12。

表 2 - 10　黄瓜推荐施肥量　　　　（公斤/亩）

肥力等级	目标产量	纯氮	五氧化二磷	氧化钾
低肥力	2 500 ~ 3 500	16 ~ 20	8 ~ 10	11 ~ 13
中肥力	3 500 ~ 4 500	14 ~ 18	6 ~ 8	9 ~ 11
高肥力	4 500 ~ 5 500	13 ~ 16	5 ~ 6	7 ~ 9

表2-11 黄瓜测土配方施肥推荐卡（基肥推荐方案）

（公斤/亩）

	肥力水平	低肥力	中肥力	高肥力
	产量水平	2 500～3 500	3 500～4 500	4 500～5 500
有机肥料	农家肥	3 500～4 000	3 000～3 500	2 500～3 000
	或商品有机肥料	450～500	400～450	350～400
氮肥	尿素	5～6	4～5	4～5
	或硫酸铵	12～14	9～12	9～12
	或碳酸氢铵	14～16	11～14	11～14
磷肥	磷酸二铵	17～22	13～17	11～13
钾肥	硫酸钾（50%）	4	3～4	2～3
	或氯化钾（60%）	3	3	2～3

表2-12 黄瓜测土配方施肥追肥推荐方案（公斤/亩）

施肥时期	低肥力		中肥力		高肥力	
	尿素	硫酸钾	尿素	硫酸钾	尿素	硫酸钾
全生育期追肥3～4次，第一次在根瓜收获后，以后每15天左右追肥一次。	8～9	7～8	7～8	5～6	7～8	3～5

5. 胡萝卜的营养特性与施肥技术

（1）营养特性　胡萝卜为伞形科草本植物。根系发达，由肉质根、侧根和根毛组成，全部埋于土中，属深根性植物，主根可深达1.5米。胡萝卜要求土层深厚，在保水和排水良好肥沃的砂质壤土中种植最适宜，过于黏重的土壤或施用未腐熟的基肥，都会妨碍肉质根的正常生长，产生畸形根。胡萝卜适宜在 pH 值5～8的土壤中生长，土壤孔隙度达20%～30%生长最为良好。胡萝卜一生分为营养生长和生殖生长两个阶段，营养生长阶段分为发芽期、幼苗期、叶片生长盛期和肉质根生长盛期，生殖生长阶段经过冬季低温贮藏，通过春化阶段，抽薹、开花、结实完成生殖生长。

每生产 1 000 公斤胡萝卜需要吸收氮（N）2.4 公斤，磷（P_2O_5）0.75 公斤，钾（K_2O）5.7 公斤。氮能促进枝叶生长，合成更多养分；磷有利于养分运转，增进品质，对胡萝卜的初期生长发育影响很大，但对以后肉质根膨大作用较小，故一般在基肥中施入；钾能促进根部形成层的分生活动，增产效果明显。胡萝卜前期生长缓慢，吸收养分很少，后期肉质根迅速膨大，吸收养分急剧增加。肥料应以腐熟的有机肥料作底肥为主，土壤肥沃，底肥充足，可以保证肉质根急剧膨大对氮磷钾硼各种元素的供应。在中、后期适当追肥，并注意磷、钾肥的配合使用。胡萝卜对钙的吸收较多，缺钙时易引起空心病，但钙含量过多时会使胡萝卜糖分和胡萝卜素含量下降，胡萝卜对镁元素的吸收量不多，但镁含量越多，其含糖量和胡萝卜素含量也越多，品质越好，基肥中施用钙镁磷肥，可增加土壤中的钙镁含量。胡萝卜生长还需要钼和硼，缺钼植株生长不良，植株矮小，缺硼根系不发达，生长点死亡，外部变黑。

（2）施肥技术　胡萝卜全生育期每亩施肥量为农家肥 2 000～2 500 公斤（或商品有机肥料 300～350 公斤），氮肥（N）8～11 公斤，磷肥（P_2O_5）5～6 公斤，钾肥（K_2O）10～12 公斤，有机肥料作基肥，氮、钾肥分基肥和二次追肥，三次施肥比例为 3：4：3，磷肥全部作基肥，化肥和农家肥（或商品有机肥料）混合施用。

①基肥：每亩施用农家肥 2 000～2 500 公斤或商品有机肥料 300～350 公斤，尿素 3～4 公斤，磷酸二铵 11～13 公斤，硫酸钾 7～9 公斤。

②追肥：肉质根膨大前期亩施尿素 6～9 公斤，硫酸钾 5～7 公斤，肉质根膨大中期亩施尿素 5～7 公斤，硫酸钾 5～7 公斤。

③根外追肥：缺硼可叶面喷施 0.10%～0.25% 的硼酸溶液或硼砂溶液 1～2 次，缺钼可叶面喷施 0.05%～0.1% 的钼酸铵

溶液 1~2 次。

以北京地区为例，胡萝卜有关施肥量推荐方案见表 2–13、表 2–14 和表 2–15。

表 2–13　胡萝卜推荐施肥量　　　（公斤/亩）

肥力等级	目标产量	纯氮	五氧化二磷	氧化钾
低肥力	2 500~3 000	10~12	6~7	11~13
中肥力	3 000~3 500	8~11	5~6	10~12
高肥力	3 500~4 000	7~10	4~5	9~11

表 2–14　胡萝卜测土配方施肥推荐卡（基肥推荐方案）

（公斤/亩）

	肥力水平	低肥力	中肥力	高肥力
	产量水平	2 500~3 000	3 000~3 500	3 500~4 000
有机肥料	农家肥	2 500~3 000	2 000~2 500	1 500~2 000
	或商品有机肥料	350~400	300~350	250~300
氮肥	尿素	3~4	3~4	2~3
	或硫酸铵	7~9	7~9	5~7
	或碳酸氢铵	8~11	8~11	5~8
磷肥	磷酸二铵	13~15	11~13	9~11
钾肥	硫酸钾（50%）	8~10	7~9	6~8
	或氯化钾（60%）	7~9	6~8	5~7

表 2–15　胡萝卜测土配方施肥追肥推荐方案

（公斤/亩）

施肥时期	低肥力		中肥力		高肥力	
	尿素	硫酸钾	尿素	硫酸钾	尿素	硫酸钾
肉质根膨大初期	8~9	6~7	6~9	5~7	5~8	5~6
肉质根膨大中期	6~7	6~7	5~7	5~7	4~6	5~6

6. 萝卜的营养特性与施肥技术

（1）营养特性　萝卜是十字花科萝卜属草本植物，是根菜类的主要蔬菜之一。萝卜对土壤的适应性比较广，为了获得高产优质的产品，以土层深厚、疏松、排水良好、比较肥沃的砂壤土种植为佳。萝卜一生分为营养生长和生殖生长两个阶段，第一年是营养生长期，分为发芽期、幼苗期、叶片生长盛期和肉质根生长盛期，第二年是生殖生长期，通过抽薹、开花、结实完成生殖生长。也可在春季提早播种，在一年内完成整个生长发育过程。

萝卜对氮、磷、钾的吸收量很大，是一种需肥量较高的高产作物，每生产 1 000 公斤萝卜，需要从土壤中吸收氮（N）2.1 ~ 3.1 公斤，磷（P_2O_5）0.8 ~ 1.9 公斤，钾（K_2O）3.5 ~ 5.6 公斤，其比例大致是 1 : 0.5 : 1.8。萝卜生长初期对氮、磷、钾吸收较慢，随着生长其吸收营养速度相应加快，到肉质根生长盛期，对氮、磷、钾的吸收量最多。萝卜在不同生育期中对氮、磷、钾吸收量的差别很大，一般幼苗期吸氮量较多，磷、钾的吸收量较少，进入肉质根膨大前期，植株对钾的吸收量显著增加，其次为氮和磷，肉质根膨大盛期是养分吸收高峰期，此期吸收的氮占全生育期吸氮总量的 77.3%，吸磷量占总吸磷量的 82.9%，吸钾量占总吸钾量的 76.6%。因此，保证这一时期的营养充足是萝卜丰产的关键。

（2）施肥技术　萝卜全生育期每亩施肥量为农家肥 3 000 ~ 3 500 公斤（或商品有机肥料 350 ~ 400 公斤），氮肥（N）14 ~ 16 公斤，磷肥（P_2O_5）6 ~ 8 公斤，钾肥（K_2O）9 ~ 11 公斤，有机肥料作基肥，氮、钾肥分基肥和二次追肥，3 次施肥比例为 3 : 4 : 3，磷肥全部作基肥，化肥和农家肥（或商品有机肥料）混合施用。

①基肥：每亩施用农家肥 3 000 ~ 3 500 公斤或商品有机肥料 350 ~ 400 公斤，尿素 5 ~ 6 公斤，磷酸二铵 13 ~ 17 公斤，硫酸钾 5 ~ 7 公斤。

②追肥：肉质根膨大前期亩施尿素 11 ~ 13 公斤，硫酸钾 8 ~ 9 公斤，肉质根膨大中期亩施尿素 9 ~ 10 公斤，硫酸钾 5 ~ 6

公斤。

③根外追肥：在生长中后期，可用 0.3％ 的硝酸钙和 0.2％
硼酸叶面喷施 2～3 次，以防缺钙、缺硼。同时可叶面喷施
0.2％ 的磷酸二氢钾以提高产量和改善品质。

以北京地区为例，萝卜有关施肥量推荐方案见表 2－16、表
2－17 和表 2－18。

表 2－16　萝卜推荐施肥量　　　（公斤/亩）

肥力等级	目标产量	纯氮	五氧化二磷	氧化钾
低肥力	3 000～3 500	15～18	7～9	10～12
中肥力	3 500～4 000	14～16	6～8	9～11
高肥力	4 000～4 500	13～15	5～7	8～10

表 2－17　萝卜测土配方施肥推荐卡（基肥推荐方案）

（公斤/亩）

	肥力水平	低肥力	中肥力	高肥力
	产量水平	3 000～3 500	3 500～4 000	4 000～4 500
有机肥料	农家肥	3 500～4 000	3 000～3 500	2 500～3 000
	或商品有机肥料	400～450	350～400	300～350
氮肥	尿素	5～6	5～6	5
	或硫酸铵	12～14	12～14	12
	或碳酸氢铵	14～16	14～16	14
磷肥	磷酸二铵	15～20	13～17	11～15
钾肥	硫酸钾（50％）	6～7	5～7	5～6
	或氯化钾（60％）	5～6	4～6	4～5

表 2－18　萝卜测土配方施肥追肥推荐方案（公斤/亩）

施肥时期	低肥力		中肥力		高肥力	
	尿素	硫酸钾	尿素	硫酸钾	尿素	硫酸钾
肉质根膨大初期	12～14	8～10	11～13	8～9	11～12	7～8
肉质根膨大中期	9～11	6～7	9～10	5～6	8～9	4～6

7. 大白菜的营养特性与施肥技术

（1）营养特性 大白菜是十字花科芸薹属植物。耗水量大，不耐湿，半耐寒，耐热能力差。大白菜根系发达，有肥大肉质直根，分根很多，形成发达的网状根系，其中有90%集中在地表下20～30厘米土层中。要求土层较深厚，供肥能力高的砂质壤土，适宜的土壤pH值为6.0～6.8。大白菜不能连作，也不可与其它十字花科蔬菜轮作。大白菜一般在8月上旬播种，11月上旬收获，随着栽培技术的改进，目前冬季设施栽培的大白菜在一些地方也相当普遍。大白菜的生长周期包括营养生长和生殖生长两个时期，营养生长分为发芽期、幼苗期、莲座期、结球期、休眠期，生殖生长分为抽薹期、开花期和结荚期。

大白菜生育期长，产量高，养分需求量很大，对钾的吸收量最多，其次是氮、钙、磷、镁。每生产1 000公斤大白菜约需要吸收氮（N）2.2公斤，磷（P_2O_5）0.94公斤，钾（K_2O）2.5公斤。由于大白菜不同生育时期的生长量和生长速度不同，对营养条件的需求也不相同。总的营养特性是：苗期吸收养分较少，氮、磷、钾的吸收量不足总吸收量的10%；莲座期明显增多，占总量的30%左右；结球期吸收养分最多，占总量的60%左右。充足的氮素营养对促进形成肥大的叶球和提高光合效率具有特别重要的意义，如果氮素供应不足，则会使植株矮小，组织粗硬，严重减产；如果氮肥过多，则叶大而薄，包心不实，品质差，不耐贮存。如果后期磷钾供应不足，往往不易结球。大白菜是喜钙作物，在不良的环境条件下发生生理缺钙时，往往会出现干烧心病，严重影响大白菜的产量和品质。

（2）施肥技术 大白菜全生育期每亩施肥量为农家肥2 000～2 500公斤（或商品有机肥料300～350公斤），氮肥（N）13～16公斤，磷肥（P_2O_5）5～8公斤，钾肥（K_2O）10～12公斤，有机肥料做基肥，氮、钾肥分基肥和二次追肥，磷肥全部作基肥，化肥和农家肥（或商品有机肥料）混合施用。

①基肥：每亩施用农家肥2 000～2 500公斤或商品有机肥料300～350公斤，尿素4～5公斤，磷酸二铵11～17公斤，硫酸钾6～7公斤，硝酸钙20公斤。

②追肥：莲座期亩施尿素10～12公斤，硫酸钾7～9公斤；结球初期亩施尿素10～12公斤，硫酸钾7～9公斤。

③根外追肥：在生长期喷施0.3%的氯化钙溶液或0.25%～0.50%的硝酸钙溶液，可降低干烧心发病率。在结球初期喷施0.5%～1.0%的尿素或0.2%的磷酸二氢钾溶液，可提高大白菜的商品率，提高商品价值。

以北京地区为例，大白菜有关施肥量推荐方案见表2－19、表2－20和表2－21。

表2－19　大白菜推荐施肥量　　（公斤/亩）

肥力等级	目标产量	纯氮	五氧化二磷	氧化钾
低肥力	4 000～5 000	15～18	7～9	12～14
中肥力	5 000～6 000	13～16	5～8	10～12
高肥力	6 000～7 000	12～15	4～7	8～10

表2－20　大白菜测土配方施肥推荐卡（基肥推荐方案）

（公斤/亩）

	肥力水平	低肥力	中肥力	高肥力
	产量水平	4 000～5 000	5 000～6 000	6 000～7 000
有机肥料	农家肥	2 500～3 000	2 000～2 500	1 500～2 000
	或商品有机肥料	350～400	300～350	250～300
氮肥	尿素	4～5	4～5	3～4
	或硫酸铵	9～12	9～12	7～9
	或碳酸氢铵	11～14	11～14	8～11
磷肥	磷酸二铵	15～20	11～17	9～15
钾肥	硫酸钾（50%）	7～8	6～7	5～6
	或氯化钾（60%）	6～7	5～6	4～5

表2-21　大白菜测土配方施肥追肥推荐方案

（千克/亩）

施肥时期	低肥力		中肥力		高肥力	
	尿素	硫酸钾	尿素	硫酸钾	尿素	硫酸钾
莲座期	11~14	9~10	10~12	7~9	10~12	5~7
结球初期	11~14	9~10	10~12	7~9	10~12	5~7

8. 结球甘蓝的营养特性与施肥技术

（1）营养特性　结球甘蓝为十字花科芸薹属草本植物。适应性强，喜冷凉，为长日照作物。喜疏松的中性或微酸性的壤土、砂壤土。甘蓝根系浅，主根不发达，主要根系分布在30厘米深和80厘米宽的范围内，根的吸水能力很强，但不耐旱。华北地区春甘蓝一般在10月下旬至11月上旬播种，第二年3月下旬定植，5月中旬收获；夏甘蓝3月下旬播种，8月初收获；秋甘蓝6月中下旬播种育苗，8月初定植，10月收获。结球甘蓝的生长周期包括营养生长和生殖生长两个时期，营养生长分为发芽期、幼苗期、莲座期、结球期、休眠期，生殖生长分为抽薹期、开花期。

结球甘蓝产量高，喜肥耐肥，每生产1 000公斤产量需吸收氮（N）4.1~6.5公斤，磷（P_2O_5）1.2~1.9公斤，钾（K_2O）4.9~6.8公斤。结球甘蓝的生育期不同，对氮、磷、钾等养分的吸收量不同。从播种到开始结球，生长量逐渐增大，氮、磷、钾的吸收量也逐渐增加，此期氮、磷的吸收量为总吸收量的15%~20%，而钾的吸收量较少，为6%~10%，开始结球后，养分吸收量迅速增加，氮、磷的吸收量占总吸收量的80%~85%，而钾的吸收量最多，占总吸收量的90%。

（2）施肥技术　结球甘蓝全生育期每亩施肥量为农家肥2 500~3 000公斤（或商品有机肥料350~400公斤），氮肥（N）15~18公斤，磷肥（P_2O_5）6~7公斤，钾肥（K_2O）8~11公斤。有机肥料作基肥，氮、钾肥分基肥和三次追肥，4次施肥比例为2∶3∶3∶2，磷肥全部作基肥，化肥和农家肥（或商品有机肥料）混合施用。

①基肥：每亩施用农家肥2 500～3 000公斤或商品有机肥料350～400公斤，尿素4～5公斤，磷酸二铵13～15公斤，硫酸钾5～7公斤。

②追肥：莲座期亩施尿素7～8公斤，硫酸钾3～5公斤；结球初期亩施尿素10～12公斤，硫酸钾4～6公斤；结球中期亩施尿素7～8公斤，硫酸钾3～5公斤。

③根外追肥：在结球初期可叶面喷施0.2%的磷酸二氢钾溶液及中、微量元素肥料，缺硼或缺钙情况下，可在生长中期喷施2～3次0.1%～0.2%的硼砂溶液，0.3%～0.5%的氯化钙或硝酸钙溶液。设施栽培可增施二氧化碳气肥。

以北京地区为例，结球甘蓝有关施肥量推荐方案见表2－22、表2－23和表2－24。

表2－22　结球甘蓝推荐施肥量　　（公斤/亩）

肥力等级	目标产量	纯氮	五氧化二磷	氧化钾
低肥力	1 500～2 000	17～20	7～8	10～13
中肥力	2 000～2 500	15～18	6～7	8～11
高肥力	2 500～3 000	13～16	5～6	7～9

表2－23　结球甘蓝测土配方施肥推荐卡（基肥推荐方案）

（公斤/亩）

	肥力水平	低肥力	中肥力	高肥力
	产量水平	1 500～2 000	2 000～2 500	2 500～3 000
有机肥料	农家肥	3 000～3 500	2 500～3 000	2 000～2 500
	或商品有机肥料	400～450	350～400	300～350
氮肥	尿素	5～6	4～5	4～5
	或硫酸铵	12～14	9～12	9～12
	或碳酸氢铵	14～16	11～14	11～14
磷肥	磷酸二铵	15～17	13～15	11～13
钾肥	硫酸钾（50%）	6～8	5～7	4～5
	或氯化钾（60%）	5～7	4～6	3～4

表 2 –24　结球甘蓝测土配方施肥推荐卡（追肥推荐方案）

（公斤/亩）

施肥时期	低肥力		中肥力		高肥力	
	尿素	硫酸钾	尿素	硫酸钾	尿素	硫酸钾
莲座期	8 ~ 9	4 ~ 5	7 ~ 8	3 ~ 5	6 ~ 8	3 ~ 4
结球初期	11 ~ 13	6 ~ 7	10 ~ 12	4 ~ 6	8 ~ 11	4 ~ 5
结球中期	8 ~ 9	4 ~ 5	7 ~ 8	3 ~ 5	6 ~ 8	3 ~ 4

9. 菜豆的营养特性与施肥技术

（1）营养特性　菜豆是豆科菜豆属一年生草本植物。根系比较发达，有根瘤共生，能够固氮。菜豆对土壤条件的要求比其他豆类高，腐殖质多、土层深厚、排水良好的壤土有利于根系的生长和根瘤的活动，pH 值 6.2 ~ 7 为佳。菜豆的生育周期主要分为发芽期、幼苗期、抽蔓期、开花结荚期。

菜豆生育期中吸收氮钾较多，每生产 1 000 公斤菜豆需要氮（N）3.37 公斤、磷（P_2O_5）2.26 公斤、钾（K_2O）5.93 公斤。菜豆根瘤菌不甚发达，适当施氮有利增产和改进品质，过多会引起落花和延迟成熟。对磷肥的需求虽不多，但缺磷使植株和根瘤菌生育不良，开花结荚减少，荚内子粒少，产量低。钾能明显影响菜豆的生育和产量，土壤中钾肥不足，影响产量。微量元素硼和钼对菜豆的生育和根瘤菌的活动有良好的作用，缺乏这些元素就会影响植株的生长发育，适量施用钼酸铵可以提高菜豆的产量和品质。

矮生菜豆生育期短，发育早，从开花盛期起就进入旺盛生长期，嫩荚开始生长时，茎叶中的无机养分转向嫩荚，其转移率氮为 24%，磷为 11%，钾为 40%。荚果成熟期，磷的吸收量逐渐增加而吸氮量逐渐减少。蔓生种生长发育比较缓慢，大量吸收养分的时间开始也迟，从嫩荚伸长起才旺盛吸收，但其吸收量大，生育后期仍需吸收多量的氮肥，荚果伸长期茎叶中无机养分向荚果的转移量比矮生菜豆少。所以矮生菜豆宜早追肥，促发育早，开花结果多，蔓生菜豆更应后期追肥，防止早衰，延长结果期，增加产量。菜豆喜硝态氮，铵态氮多时影响生长发育，植株中上部子叶会褪绿，且叶面稍有凹凸，根发黑，根瘤少而小，甚至看不到根瘤。

（2）施肥技术　菜豆全生育期每亩施肥量为农家肥2 500～3 000 千克（或商品有机肥料350～400 公斤），氮肥（N）8～10 公斤，磷肥（P_2O_5）5～6 公斤，钾肥（K_2O）9～11 公斤，有机肥料做基肥，氮、钾肥分基肥和二次追肥，磷肥全部作基肥。化肥和农家肥（或商品有机肥料）混合施用。建议施用"一特"牌配方肥。

①基肥：每亩施用农家肥2 500～3 000 千克或商品有机肥料350～400 公斤，尿素3～4 公斤，磷酸二铵11～13 公斤，硫酸钾6～8 公斤。

②追肥：抽蔓期亩施尿素6～9 公斤，硫酸钾4～6 公斤，开花结荚期亩施尿素5～7 公斤，硫酸钾4～6 公斤。

③根外追肥：结荚盛期，用0.3%～0.4% 的磷酸二氢钾或微量元素肥料叶面喷施3～4 次，每隔7～10 天施1 次。设施栽培可补充二氧化碳气肥。

以北京地区为例，菜豆有关施肥量推荐方案见表2-25、表2-26 和表2-27。

表2-25　菜豆推荐施肥量　　　　（公斤/亩）

肥力等级	目标产量	纯氮	五氧化二磷	氧化钾
低肥力	1 000～1 500	10～12	6～7	10～12
中肥力	1 500～2 000	8～10	5～6	9～11
高肥力	2 000～2 500	6～8	4～5	8～10

表2-26　菜豆测土配方施肥推荐卡（基肥推荐方案）

（公斤/亩）

肥力水平		低肥力	中肥力	高肥力
产量水平		1 000～1 500	1 500～2 000	2 000～2 500
有机肥料	农家肥	3 000～3 500	2 500～3 000	2 000～2 500
	或商品有机肥料	400～450	350～400	300～350

肥料水平		低肥力	中肥力	高肥力
氮肥	尿素	3~4	3~4	2~3
	或硫酸铵	7~9	7~9	5~7
	或碳酸氢铵	8~11	8~11	5~8
磷肥	磷酸二铵	13~15	11~13	9~11
钾肥	硫酸钾(50%)	7~9	6~8	5~7
	或氯化钾(60%)	6~8	5~7	4~6

表 2-27 菜豆测土配方施肥追肥推荐方案（公斤/亩）

施肥时期	追肥推荐方案					
	低肥力		中肥力		高肥力	
	尿素	硫酸钾	尿素	硫酸钾	尿素	硫酸钾
抽蔓期	8~9	5~6	6~9	4~6	5~8	4~6
开花结荚期	6~7	5~6	5~7	4~6	4~8	4~6

10. 芹菜的营养特性与施肥技术

（1）营养特性　芹菜为伞形花科芹菜属草本植物。生育期较长，喜温，喜光，吸水吸肥能力弱，适宜在有机质丰富、保水保肥能力强的壤土或黏壤土上种植。芹菜根系浅，密集根群分布在 7~10 厘米处，横向分布范围 30 厘米，吸收面积小，耐旱、耐涝力较弱，需要湿润的土壤和空气条件。尤其到营养生长盛期，地表布满白色须根更需要充足的湿度。栽培季节：春芹菜一般在 2 月上旬至 3 月上旬播种，3 月下旬至 4 月下旬定植，5 月下旬至 6 月上旬采收，露地直播芹菜 3 月中旬至 4 月中旬播种，6 月下旬至 7 月下旬收获；秋芹菜播种期为 6 月中下旬，定植期为 8 月上中旬，收获期为 10 月下旬至 11 月上中旬。

芹菜是要求土壤肥力较高的蔬菜之一，吸肥能力低，耐肥力强。每生产 1 000 公斤产量需吸收氮（N）1.8~2.0 公斤，磷（P_2O_5）0.70~0.90 公斤，钾（K_2O）3.8~4.0 公斤。秋播芹菜营养生长盛期养分吸收量高，此期芹菜对氮、磷、钾、镁、钙五元素的吸收量占总吸收量的84%以上，而其中钙、钾高达98.1%和90.7%。芹菜需钾量最高，钙、氮次之，磷、镁最少。芹菜对硼的需要量也很大，在缺硼的土壤或由于干旱低温抑制吸收时，叶柄易横裂，即"茎折病"，严重影响产量和品质。

（2）施肥技术 芹菜全生育期每亩施肥量为农家肥2 500 ~ 3 000公斤（或商品有机肥料350 ~ 400公斤），氮肥（N）13 ~ 16公斤，磷肥（P_2O_5）5 ~ 6公斤，钾肥（K_2O）6 ~ 9公斤，有机肥料作基肥，氮、钾肥分基肥和三次追肥，4次施肥比例2：3：3：2，磷肥全部作基肥，化肥和农家肥（或商品有机肥料）混合施用。

①基肥：每亩施用农家肥2 500 ~ 3 000公斤或商品有机肥料350 ~ 400公斤，尿素4 ~ 5公斤，磷酸二铵11 ~ 13公斤，硫酸钾4 ~ 5公斤。

②追肥：在缓苗后心叶生长期亩施尿素6 ~ 8公斤，硫酸钾3 ~ 4公斤；旺盛生长前期亩施尿素8 ~ 11公斤，硫酸钾3 ~ 5公斤；旺盛生长中期亩施尿素6 ~ 8公斤，硫酸钾3 ~ 4公斤。

③根外追肥：如发现心腐病，可用0.3% ~ 0.5%硝酸钙或氯化钙进行叶面喷洒。叶面喷施硼肥可在一定程度上避免茎裂的发生，每次每亩喷施0.2%硼砂或硼酸溶液40 ~ 75公斤。设施栽培可增施二氧化碳气肥。

以北京地区为例，芹菜有关施肥量推荐方案见表2 - 28、表2 - 29和表2 - 30。

表2 - 28 芹菜推荐施肥量 （公斤/亩）

肥力等级	目标产量	纯氮	五氧化二磷	氧化钾
低肥力	3 000 ~ 4 000	15 ~ 18	6 ~ 7	8 ~ 11
中肥力	4 000 ~ 5 000	13 ~ 16	5 ~ 6	6 ~ 9
高肥力	5 000 ~ 6 000	11 ~ 14	4 ~ 5	5 ~ 8

表 2 - 29　芹菜测土配方施肥推荐卡（基肥推荐方案）

（公斤/亩）

肥力水平		低肥力	中肥力	高肥力
	产量水平	3 000 ~ 4 000	4 000 ~ 5 000	5 000 ~ 6 000
有机肥料	农家肥	3 000 ~ 3 500	2 500 ~ 3 000	2 000 ~ 2 500
	或商品有机肥料	400 ~ 450	350 ~ 400	300 ~ 350
氮肥	尿素	4 ~ 5	4 ~ 5	3 ~ 4
	或硫酸铵	9 ~ 12	9 ~ 12	7 ~ 9
	或碳酸氢铵	11 ~ 14	11 ~ 14	8 ~ 11
磷肥	磷酸二铵	13 ~ 15	11 ~ 13	9 ~ 11
钾肥	硫酸钾（50%）	5 ~ 7	4 ~ 5	3 ~ 5
	或氯化钾（60%）	4 ~ 6	3 ~ 4	2 ~ 4

表 2 - 30　芹菜测土配方施肥追肥推荐方案（公斤/亩）

施肥时期	低肥力		中肥力		高肥力	
	尿素	硫酸钾	尿素	硫酸钾	尿素	硫酸钾
心叶生长期	7 ~ 8	3 ~ 5	6 ~ 8	3 ~ 4	5 ~ 7	2 ~ 3
旺盛生长前期	10 ~ 12	4 ~ 6	8 ~ 11	3 ~ 5	7 ~ 9	3 ~ 4
旺盛生长中期	7 ~ 8	3 ~ 5	6 ~ 8	3 ~ 4	5 ~ 7	2 ~ 3

11. 结球生菜的营养特性与施肥技术

（1）营养特性　结球生菜是菊科莴苣属草本植物。喜冷凉，不耐寒，也不耐热，整个生长期需水量大。适宜在有机质丰富、保水保肥能力强的粘壤或壤土上种植，喜微酸性土壤，适宜土壤pH 值为 6。结球生菜为育苗移栽，属直根系，须根发达，经移植后根系浅而密集，主要分布在土壤表层 20 ~ 30 厘米内。结球生菜以春、秋两季栽培为主。春季栽培 2 月上中旬播种，3 月下旬 ~ 4 月中旬定植，5 月份收获。秋季栽培采取露地育苗，7 月底 ~ 8 月初播种，8 月下旬 ~ 9 月上旬定植，10 月份收获。结球生菜的生育周期可分为发芽期、幼苗期、莲座期、结球期和开花结果期 5 个时期。

每生产 1 000 公斤结球生菜需要吸收氮（N）3.7 公斤，磷
（P_2O_5）1.45 公斤，钾（K_2O）3.28 公斤。结球生菜生长迅速，
喜氮肥，生长初期吸肥量较小，在播后 70～80 天进入结球期，
养分吸收量急剧增加，在结球期的一个月里，氮的吸收量可以占
到全生育期的 80% 以上。磷、钾的吸收与氮相似，尤其是钾的
吸收，不仅吸收量大，而且一直持续到收获。结球期缺钾，严重
影响叶重。幼苗期缺磷对生长影响最大，结球期缺磷会影响生菜
的结球。

（2）施肥技术　结球生菜全生育期每亩施肥量为农家肥
2 500～3 000 公斤（或商品有机肥料 350～400 公斤），氮肥
（N）14～17 公斤，磷肥（P_2O_5）6～8 公斤，钾肥（K_2O）11～
13 公斤。有机肥料作基肥，氮、钾肥分基肥和二次追肥，磷肥
全部作基肥。化肥和农家肥（或商品有机肥料）混合施用。

①基肥：每亩施用农家肥 2 500～3 000 公斤或商品有机肥料
350～400 公斤，尿素 4～5 公斤，磷酸二铵 13～17 公斤，硫酸
钾 7～8 公斤，硝酸钙 20 公斤。

②追肥：在莲座期亩施尿素 11～14 公斤，硫酸钾 8～9 公
斤；结球初期亩施尿素 11～14 公斤，硫酸钾 8～9 公斤。

③根外追肥：缺钙时，莲座期叶面喷施 1% 硝酸钙溶液，连
续喷施 3 次，每隔 7 天喷施一次，莲座期结束后停止喷施。设施
栽培可增施二氧化碳气肥。

以北京地区为例，结球生菜有关施肥量推荐方案见表 2－
31、表 2－32 和表 2－33。

表 2－31　结球生菜推荐施肥量　　（公斤/亩）

肥力等级	目标产量	纯氮	五氧化二磷	氧化钾
低肥力	2 000～2 500	16～19	7～9	12～14
中肥力	2 500～3 000	14～17	6～8	11～13
高肥力	3 000～3 500	12～15	5～7	10～12

表 2 - 32　结球生菜测土配方施肥（基肥推荐方案）

（公斤/亩）

肥力水平		低肥力	中肥力	高肥力
产量水平		2 000 ~ 2 500	2 500 ~ 3 000	3 000 ~ 3 500
有机肥料	农家肥	3 000 ~ 3 500	2 500 ~ 3 000	2 000 ~ 2 500
	或商品有机肥料	400 ~ 450	350 ~ 400	300 ~ 350
氮肥	尿素	4 ~ 5	4 ~ 5	3 ~ 4
	或硫酸铵	9 ~ 12	9 ~ 12	7 ~ 9
	或碳酸氢铵	11 ~ 14	11 ~ 14	8 ~ 11
磷肥	磷酸二铵	15 ~ 20	13 ~ 17	11 ~ 15
钾肥	硫酸钾（50%）	7 ~ 8	7 ~ 8	6 ~ 7
	或氯化钾（60%）	6 ~ 7	6 ~ 7	5 ~ 6

表 2 - 33　结球生菜测土配方施肥追肥推荐方案

（公斤/亩）

施肥时期	低肥力		中肥力		高肥力	
	尿素	硫酸钾	尿素	硫酸钾	尿素	硫酸钾
莲座期	12 ~ 14	9 ~ 10	11 ~ 14	8 ~ 9	10 ~ 12	7 ~ 9
结球初期	12 ~ 14	9 ~ 10	11 ~ 14	8 ~ 9	10 ~ 12	7 ~ 9

12. 菜心的营养特性与施肥技术

（1）营养特性　菜心为十字花科芸薹属草本植物。株型较小而直立，主根不发达，须根发生多，再生能力较强，属浅根系蔬菜，根群主要分布在 3 ~ 10 厘米土层中。菜心对土壤的适应性强，但在有机质含量高、地力肥沃的壤土或砂壤土上栽培，有利于获得优质高产。

菜心生长期短，生长量大，对肥水要求高。生长全期要求土壤有充足的养分和水分供应。菜心对氮磷钾三大要素的吸收量，以氮最多，钾次之，磷最少。每生产 1 000 公斤菜薹，需吸收氮（N）2.2 ~ 3.6 公斤，磷（P_2O_5）0.60 ~ 1.0 公斤，钾（K_2O）1.1 ~ 3.8 公斤。菜心的生长发育过程分为发芽期、幼苗期、叶片生长期、菜薹形成期和开花结果期 5 个时期。各生育期对氮、磷、钾的吸收量占全生育期吸收总量的大致比例是：幼苗期占25%，叶片生长期占20%，菜薹形成期占50%～55%。菜心缓苗快，生长迅速，需肥量大，应及时追肥，要在充分施足有机肥料的基础上及时追施速效肥。

（2）施肥技术　菜心全生育期每亩施肥量为农家肥2 500～3 000公斤（或商品有机肥料350～400公斤），氮肥（N）6～8公斤，磷肥（P_2O_5）3～5公斤，钾肥（K_2O）4～6公斤。有机肥料作基肥，氮、钾肥分基肥和一次追肥，施肥比例为4∶6，磷肥全部作基肥，化肥和农家肥（或商品有机肥料）混合施用。

①基肥：每3～4茬施一次有机肥料，每亩施用农家肥2 500～3 000公斤或商品有机肥料350～400公斤，尿素4～5公斤，磷酸二铵7～11公斤，硫酸钾4～6公斤。

②追肥：在抽薹期亩施尿素6～8公斤、硫酸钾4～6公斤。

以北京地区为例，菜心有关施肥量推荐方案见表2－34、表2－35和表2－36。

表2－34　菜心推荐施肥量　（公斤/亩）

肥力等级	目标产量	纯氮	五氧化二磷	氧化钾
低肥力	1 000～1 200	7～9	4～6	5～7
中肥力	1 200～1 800	6～8	3～5	4～6
高肥力	1 800～2 000	5～7	3～5	3～5

表2－35　菜心测土配方施肥基肥推荐方案（公斤/亩）

	肥力水平	低肥力	中肥力	高肥力
	产量水平	1 000～1 200	1 200～1 800	1 800～2 000
有机肥料	农家肥	3 000～3 500	2 500～3 000	2 000～2 500
	或商品有机肥料	400～450	350～400	300～350
氮肥	尿素	5～6	4～5	3～4
	或硫酸铵	12～14	9～12	7～9

续表

肥力水平		低肥力	中肥力	高肥力
	或碳酸氢铵	14～16	11～14	8～11
磷肥	磷酸二铵	9～13	7～11	7～11
钾肥	硫酸钾(50%)	5～7	4～6	3～5
	或氯化钾(60%)	4～6	3～5	2～4

表2－36　菜心测土配方施肥追肥推荐方案（公斤/亩）

施肥时期	低肥力		中肥力		高肥力	
	尿素	硫酸钾	尿素	硫酸钾	尿素	硫酸钾
抽薹期	7～8	5～7	6～8	4～6	5～7	3～5

13. 花椰菜的营养特性与施肥技术

（1）营养特性　花椰菜是十字花科芸薹属甘蓝种草本植物。根系强大，根群主要分布在30厘米的耕层内。花椰菜对土壤营养条件要求比较严格，以有机质丰富，pH值为5.5～6.6，保水保肥能力强的砂壤土和壤土为最适土壤。土壤湿度要求达到70%～80%，空气相对湿度80%最适宜。花椰菜的生育周期包括发芽期、幼苗期、莲座期、花球形成期与抽薹开花结果期。

花椰菜由于生长期长，对养分需求量大，需要量最多的是氮和钾，特别是叶簇生长旺盛时期需氮肥更多，花球形成期需磷比较多。花椰菜每生产1 000公斤花球需氮7.7～11公斤，五氧化二磷2.1～3.2公斤，氧化钾9.2～12公斤。现蕾前，养分吸收少，现蕾后对养分的需求逐渐加大，至花球膨大盛期，对养分需要最多，吸收速度最快，因此在花芽分化和花球发育过程中，要保证磷、钾营养的充分供应。另外花椰菜对硼、镁、钙、钼的需要量也较大，缺硼易引起花球内部开裂，花球出现褐色斑点，并带苦味。缺镁，老叶易变黄，减低或丧失光合作用能力。因此在保证氮磷钾肥供应的基础上应适量施用硼和镁等营养元素。

（2）施肥技术　花椰菜全生育期每亩施肥量为农家肥2 500～3 000公斤（或商品有机肥料350～400公斤），氮肥（N）20～23公斤，磷肥（P_2O_5）6～8公斤，钾肥（K_2O）11～14公斤，有机肥料作基肥，氮、钾肥分基肥和三次追肥，4次施肥比例为2：3：3：2，磷肥全部作基肥，化肥和农家肥（或商品有机肥料）混合施用。

①基肥：每亩施用农家肥2 500～3 000公斤或商品有机肥料350～400公斤，尿素6公斤，磷酸二铵13～17公斤，硫酸钾7～8公斤，硼砂0.5公斤。

②追肥：莲座期亩施尿素10～11公斤，硫酸钾5～6公斤；花球形成初期亩施尿素13～15公斤，硫酸钾6～8公斤，花球形成中期亩施尿素10～11公斤，硫酸钾5～6公斤。

③根外追肥：土壤缺硼可在花球形成初期和中期叶面喷施0.1%～0.2%硼砂溶液，土壤缺镁可叶面喷施0.2%～0.4%硫酸镁溶液1～2次。

以北京地区为例，花椰菜有关施肥量推荐方案见表2－37、表2－38和表2－39。

表2－37　花椰菜推荐施肥量　　　　（公斤/亩）

肥力等级	目标产量	纯氮	五氧化二磷	氧化钾
低肥力	1 500～2 000	22～25	7～10	13～16
中肥力	2 000～2 500	20～23	6～8	11～14
高肥力	2 500～3 000	18～21	5～7	10～12

表2－38　花椰菜测土配方施肥基肥推荐方案

（公斤/亩）

肥力水平		低肥力	中肥力	高肥力
	产量水平	1 500～2 000	2 000～2 500	2 500～3 000
有机肥料	农家肥	3 000～3 500	2 500～3 000	2 000～2 500

续表

肥力水平		低肥力	中肥力	高肥力
	或商品有机肥料	400~450	350~400	300~350
氮肥	尿素	6~7	6	5~6
	或硫酸铵	14~16	14	12~14
	或碳酸氢铵	16~19	16~16	14~16
磷肥	磷酸二铵	15~22	13~17	11~15
钾肥	硫酸钾（50%）	8~10	7~8	6~7
	或氯化钾（60%）	7~8	6~7	5~6

表 2-39　花椰菜测土配方施肥追肥推荐方案

（公斤/亩）

施肥时期	低肥力		中肥力		高肥力	
	尿素	硫酸钾	尿素	硫酸钾	尿素	硫酸钾
莲座期	11~12	5~7	10~11	5~6	9~10	4~5
花球初期	15~16	7~9	13~15	6~8	12~14	6~7
花球中期	11~12	5~7	10~11	5~6	9~10	4~5

14. 菠菜的营养特性与施肥技术

（1）营养特性　菠菜为藜科菠菜属草本植物。菠菜直根发达，侧根不发达，主要根群分布在 20~30 厘米的耕层中。菠菜对土壤要求不很严格，但在酸性土壤中生长不良，适宜在肥沃、中性或微碱性（pH 值 6.0~7.5）的砂壤土上栽培。菠菜的生长发育过程可分为营养生长和生殖生长两个时期，营养生长期是从子叶出土到花序分化，生殖生长是从花序分化到种子成熟。

菠菜为速生蔬菜，生长期短，生长速度快，产量高，需肥量大，要求有较多的氮肥促进叶丛生长。每生产 1 000 公斤菠菜需要吸收氮（N）2.48 公斤，磷（P_2O_5）0.86 公斤，钾（K_2O）5.29 公斤。但由于菠菜根群小且分布于浅土层中，因此，在施基肥的基础上，要追施充足的速效性肥料，以氮肥为主，兼施磷、钾肥。肥水不足时，菠菜植株营养器官不发达易早抽薹，从而影响商品产量。

（2）施肥技术　菠菜全生育期每亩施肥量为农家肥 2 000～2 500 公斤（或商品有机肥料 200～250 公斤），氮肥（N）8～11 公斤，磷肥（P₂O₅）3～4 公斤，钾肥（K₂O）5～7 公斤，有机肥料作基肥，氮、钾肥分基肥和一次追肥，磷肥全部作基肥，化肥和农家肥（或商品有机肥料）混合施用。

①基肥：每亩施用农家肥 2 000～2 500 公斤或商品有机肥料 200～250 公斤，尿素 3～4 公斤，磷酸二铵 7～9 公斤，硫酸钾 5～7 公斤。

②追肥：生长旺盛期，亩施尿素 13～16 公斤，硫酸钾 6～8 公斤。

以北京地区为例，菠菜有关施肥量推荐方案见表 2－40、表 2－41 和表 2－42。

表 2－40　菠菜推荐施肥量　　　（公斤/亩）

肥力等级	目标产量	纯氮	五氧化二磷	氧化钾
低肥力	1 500～2 000	9～12	4～5	6～8
中肥力	2 000～2 500	8～11	3～4	5～7
高肥力	2 500～3 000	7～10	3～4	4～6

表 2－41　菠菜测土配方施肥基肥推荐方案（公斤/亩）

	肥力水平	低肥力	中肥力	高肥力
	产量水平	1 500～2 000	2 000～2 500	2 500～3 000
有机肥料	农家肥	2 500～3 000	2 000～2 500	1 500～2 000
	或商品有机肥料	150～200	200～250	250～300
氮肥	尿素	3～4	3～4	2～4
	或硫酸铵	7～9	7～9	5～7
	或碳酸氢铵	8～11	8～11	5～8
磷肥	磷酸二铵	9～11	7～9	7～9
钾肥	硫酸钾（50%）	6～8	5～7	4～6
	或氯化钾（60%）	5～7	4～6	3～5

表 2－42　菠菜测土配方施肥推荐卡（追肥推荐方案）

（公斤/亩）

施肥时期	低肥力		中肥力		高肥力	
	尿素	硫酸钾	尿素	硫酸钾	尿素	硫酸钾
生长旺期	13～18	6～8	13～16	6～8	10～14	4～6

15. 芥蓝的营养特性与施肥技术

（1）营养特性　芥蓝是十字花科芸薹属中以花薹为产品的草本植物。芥蓝根系浅，有主根和须根，主根不发达，须根多，主要根群分布在 10～20 厘米的耕层内，再生能力强，易生不定根，根系好气性较强，所以栽培芥蓝应选择排灌方便，土层深厚，富含有机质的中性或微酸性砂壤土或壤土地块。芥蓝的生育期可分为 5 个时期，种子发芽期、幼苗期、叶丛生长期、花薹形成期、开花结子期。

芥蓝比较耐肥，吸收养分较多，又因根系浅，栽培时必须选择肥沃而富有有机质的壤土种植。芥蓝对有机肥料和化学肥料都能很好地利用，追肥时以氮肥为主，适当增施磷钾肥。芥蓝对氮、磷、钾三要素的吸收，以钾最多，氮次之，磷最少，每株芥蓝约吸收氮 0.58～0.73 克，磷 0.11～0.15 克，钾 0.65～0.77 克，氮、磷、钾的吸收比例为 5.2：1：5.4。芥蓝各时期对氮、磷、钾的吸收量不同，需肥量随着其生长发育进程而不断增加。氮肥在幼苗期以前的吸收量占 2.5%，叶丛生长期占 10.3%，花薹形成期占 87.2%，对磷、钾及钙、镁的吸收动态与氮基本相同。

（2）施肥技术　芥蓝全生育期每亩施肥量为农家肥 2 500～3 000 公斤（或商品有机肥料 350～400 公斤），氮肥（N）7～9 公斤，磷肥（P_2O_5）3～5 公斤，钾肥（K_2O）5～7 公斤，有机肥料作基肥，氮、钾肥分基肥和一次追肥，两次施肥比例为 4：6，磷肥全部作基肥，化肥和农家肥（或商品有机肥料）混合施用。

①基肥：每 2 ~ 3 茬施一次有机肥料，每亩施用农家肥 2 500 ~3 000 公斤或商品有机肥料 350 ~ 400 公斤，尿素 5 ~ 6 公斤，磷酸二铵 7 ~ 11 公斤，硫酸钾 5 ~ 7 公斤。

②追肥：采收后亩施尿素 7 ~ 9 公斤，硫酸钾 5 ~ 7 公斤。

③根外追肥：在现蕾至花薹形成期间，可用 0.3% ~ 0.4% 的磷酸二氢钾进行叶面喷施，对提高产量有一定作用。

以北京地区为例，芥蓝有关施肥量推荐方案见表 2 – 43、表 2 – 44 和表 2 – 45。

表 2 – 43　芥蓝推荐施肥量　　　　（公斤/亩）

肥力等级	目标产量	纯氮	五氧化二磷	氧化钾
低肥力	1 000 ~ 1 500	8 ~ 10	4 ~ 6	6 ~ 8
中肥力	1 500 ~ 2 000	7 ~ 9	3 ~ 5	5 ~ 7
高肥力	2 000 ~ 2 500	6 ~ 8	3 ~ 5	4 ~ 6

表 2 – 44　芥蓝测土配方施肥基肥推荐方案（公斤/亩）

	肥力水平	低肥力	中肥力	高肥力
	产量水平	1 000 ~ 1 500	1 500 ~ 2 000	2 000 ~ 2 500
有机肥料	农家肥	3 000 ~ 3 500	2 500 ~ 3 000	2 000 ~ 2 500
	或商品有机肥料	400 ~ 450	350 ~ 400	300 ~ 350
氮肥	尿素	6 ~ 7	5 ~ 6	4 ~ 5
	或硫酸铵	14 ~ 16	12 ~ 14	9 ~ 12
	或碳酸氢铵	16 ~ 19	14 ~ 16	11 ~ 14
磷肥	磷酸二铵	9 ~ 13	7 ~ 11	7 ~ 11
钾肥	硫酸钾（50%）	6 ~ 8	5 ~ 7	4 ~ 6
	或氯化钾（60%）	5 ~ 7	4 ~ 6	3 ~ 5

表 2 – 45　芥蓝测土配方施肥追肥推荐方案（公斤/亩）

施肥时期	低肥力		中肥力		高肥力	
	尿素	硫酸钾	尿素	硫酸钾	尿素	硫酸钾
采收后	8 ~ 10	6 ~ 8	7 ~ 9	5 ~ 7	6 ~ 8	4 ~ 6

16. 西瓜的营养特性与施肥技术

（1）营养特性　西瓜是葫芦科西瓜属一年生蔓性草本植物。西瓜属于直根系作物，根系发达，主根入土深度可达 1 米以上，根系主要分布在 30 厘米范围内。西瓜适宜中性土壤，但对土壤酸碱度的适应性比较广，在 pH 值 5~7 的范围内均可正常生长发育。西瓜喜温、耐热、耐旱、耐瘠薄、怕涝，对土壤适应性较广，适宜在土层深厚、排水良好、肥沃的砂壤土和壤土上栽培。但沙土地一般比较瘠薄，肥料分解和养分消耗流失比较快，植株生长后期容易发生脱肥现象，易于早衰，因此合理施肥是沙土地西瓜优质高产的重要措施。

每生产 1 000 公斤商品瓜需氮（N）5.08 公斤，磷（P_2O_5）1.56 公斤，钾（K_2O）6.4 公斤。氮能促进植株正常生长发育，叶片葱绿，瓜蔓健壮；磷能促进碳水化合物的运输，有利于果实糖分的积累，改善果实的风味，同时对根系生长、种子发育和果实成熟有促进作用；钾能促进茎蔓生长健壮和提高茎蔓的韧性，增强抗寒、抗病及防风的能力。西瓜整个生育期对氮、磷、钾三要素的吸收中，以钾最多，氮次之，磷最少。西瓜一生按生长发育特点不同可划分为发芽期、幼苗期、抽蔓期、结瓜期四个时期，不同生育阶段对氮、磷、钾的吸收量和吸收比例不同。发芽期吸收量极少，仅占全生育期吸收量的 0.01%，幼苗期吸收量也较少，仅占全生育期的 0.54%，抽蔓期吸收量增加，约占全生育期的 14.67%，以上三个时期以营养生长为主，吸收氮肥所占比例都较大。结果期吸肥量最多，约占整个生育期的84.78%，其中吸收钾的量最多，特别是在果实膨大期，吸收量最多，与改善西瓜品质关系密切。

（2）施肥技术　西瓜全生育期每亩施肥量为农家肥 3 000~3 500 公斤（或商品有机肥料 400~450 公斤），氮肥（N）20~23 公斤，磷肥（P_2O_5）7~9 公斤，钾肥（K_2O）8~11 公斤，可根据作物品种、产量和土壤肥力调整施肥配方。有机肥料作基肥，氮肥、钾肥分基肥和 3 次追肥，4 次施肥比例为 2 ∶ 3 ∶ 3 ∶ 2。磷肥全部作基肥，化肥和农家肥（或商品有机肥料）混合施用。

①基肥：每亩施用农家肥 3 000 ~ 3 500 公斤或商品有机肥料 400 ~ 450 公斤，尿素 6 公斤，磷酸二铵 15 ~ 20 公斤，硫酸钾 5 ~ 7 公斤。

②追肥：抽蔓期亩施尿素 10 ~ 11 公斤，硫酸钾 3 ~ 5 公斤；果实膨大初期亩施尿素 13 ~ 15 公斤，硫酸钾 4 ~ 6 公斤；果实膨大中期亩施尿素 10 ~ 11 公斤，硫酸钾 3 ~ 5 公斤。

③根外追肥：在西瓜果实膨大初期和中期，可叶面喷施 0.2% ~ 0.5% 的磷酸二氢钾加 0.1% 的硼砂和 0.5% 硫酸亚铁等微量元素水溶液，既可防早衰增加抗病能力，又能提高西瓜品质。设施栽培条件下，在西瓜旺盛生长时期应增施二氧化碳气肥。

以北京地区为例，西瓜有关施肥量推荐方案见表 2 - 46、表 2 - 47 和表 2 - 48。

表 2 - 46 西瓜推荐施肥量　　　（公斤/亩）

肥力等级	目标产量	纯氮	五氧化二磷	氧化钾
低肥力	3 000 ~ 3 500	22 ~ 24	8 ~ 10	10 ~ 12
中肥力	3 500 ~ 4 000	20 ~ 23	7 ~ 9	8 ~ 11
高肥力	4 000 ~ 4 500	18 ~ 21	6 ~ 8	7 ~ 9

表 2 - 47 西瓜测土配方施肥基肥推荐方案（公斤/亩）

	肥力水平	低肥力	中肥力	高肥力
	产量水平	3 000 ~ 3 500	3 500 ~ 4 000	4 000 ~ 4 500
有机肥料	农家肥	3 500 ~ 4 000	3 000 ~ 3 500	2 500 ~ 3 000
	或商品有机肥料	450 ~ 500	400 ~ 450	350 ~ 400

续表

肥力水平		低肥力	中肥力	高肥力
氮肥	尿素	6～7	6	5～6
	或硫酸铵	14～16	14～14	12～14
	或碳酸氢铵	16～19	16～16	14～16
磷肥	磷酸二铵	17～22	15～20	13～17
钾肥	硫酸钾(50%)	6～7	5～7	4～6

表2－48　西瓜测土配方施肥追肥推荐方案（公斤/亩）

施肥时期	低肥力		中肥力		高肥力	
	尿素	硫酸钾	尿素	硫酸钾	尿素	硫酸钾
伸蔓期	10～11	4～5	10～11	3～5	9～10	3～4
果实膨大初期	14～15	6～7	13～15	4～6	12～14	4～6
果实膨大中期	10～11	4～5	10～11	3～5	9～10	3～4

17. 甜瓜的营养特性与施肥技术

（1）营养特性　甜瓜又名香瓜，是葫芦科甜瓜属蔓性植物。喜温耐热，极不耐寒。甜瓜根系强壮，吸收力强，对土壤条件要求不高，在沙土、砂壤土、黏土上均可种植，但以疏松、土层厚、土质肥沃、通气良好的砂壤土为最好，但砂壤土保水、保肥能力差，有机质含量少，肥力差，植株生育后期容易早衰，影响果实的品质和产量，所以沙质土壤种植甜瓜，在生长发育中后期要加强肥水管理，增施有机肥料，改善土壤的保水、保肥能力。甜瓜对土壤酸碱度的要求不严格，但在 pH 值6～6.8条件下生长最好。

甜瓜需肥量大，形成1 000公斤产品需吸收氮（N）3.5公斤，磷（P_2O_5）1.7公斤，钾（K_2O）6.8公斤，钙（CaO）5.0公斤，镁（MgO）1.1公斤，硅（Si）1.5公斤。营养元素在甜瓜的产量形成、品质提高中起着重要的作用，供氮充足时，叶色浓绿，生长旺盛，氮不足时则叶片发黄，植株瘦小。但生长前期若氮素过多，易导致植株疯长，结果后期植株吸收氮素过多，会延迟果实成熟，且果实含糖量低。缺磷会使植株叶片老化，植株早衰。钾有利于植株进行光合作用及原生质的生命活动，施钾能促进光合产物的合成和运输，提高产量，并能减轻枯萎病的危害。钙和硼不仅影响果实糖分含量，而且影响果实外观，钙不足时，果实表面网纹粗糙，泛白，缺硼时果肉易出现褐色斑点。甜瓜对养分吸收以幼苗期吸肥最少，开花后氮、磷、钾吸收量逐渐增加，氮、钾吸收高峰在坐果后16～17天，坐果后26～27天就急剧下降，磷、钙吸收高峰在坐果后26～27天，并延续至果实成熟。开花到果实膨大末期的1个月左右时间内，是甜瓜吸收矿质养分最多的时期，也是肥料的最大效率期。在甜瓜栽培中，铵态氮肥比硝态氮肥肥效差，且铵态氮将降低甜瓜含糖量，因此应尽量选用硝态氮肥。甜瓜为忌氯作物，不宜施用氯化铵、氯化钾等肥料。

（2）施肥技术　甜瓜全生育周期亩施肥量为有机肥3 000～3 500公斤（或商品有机肥料400～450公斤），氮肥（N）18～21公斤，磷肥（P_2O_5）6～8公斤，钾肥（K_2O）8～10公斤。有机肥料作基肥，氮、钾肥分基肥和3次追施，4次施肥比例为3∶2∶3∶2，磷肥全部基施，化肥和农家肥（或商品有机肥料）混合施用。

①基肥：基肥以有机肥料为主，配合适量化肥施用。一般亩施农家肥3 000～3 500公斤或商品有机肥料400～450公斤，尿素5～6公斤，磷酸二铵13～17公斤，硫酸钾5～6公斤。

②追肥：伸蔓期：亩施尿素9～10公斤，硫酸钾3～4公斤。果实膨大初期：亩施尿素12～14公斤，硫酸钾4～6公斤。果实膨大中期：亩施尿素9～10公斤，硫酸钾3～4公斤。

③根外追肥：坐果后每隔7天左右喷一次0.3%磷酸二氢钾溶液，连喷2～3次。冬春季大棚栽培特早熟甜瓜，可人工补充二氧化碳气肥。

以北京地区为例，甜瓜有关施肥量推荐方案见表2-49、表2-50和表2-51。

表2-49　甜瓜推荐施肥量　　（公斤/亩）

肥力等级	目标产量	推荐施肥量		
		纯氮	五氧化二磷	氧化钾
低肥力	1 500~2 000	21~22	7~9	9~12
中肥力	2 000~2 500	18~21	6~8	8~10
高肥力	2 500~3 000	17~20	6~7	7~9

表2-50　甜瓜测土配方施肥推荐卡（基肥推荐方案）

（公斤/亩）

	肥力水平	低肥力	中肥力	高肥力
	产量水平	1 500~2 000	2 000~2 500	2 500~3 000
有机肥料	农家肥	3 500~4 000	3 000~3 500	2 500~3 000
	或商品有机肥料	450~500	400~450	350~400
氮肥	尿素	6	5~6	5~6
	或硫酸铵	14	12~14	12~14
	或碳酸氢铵	16	14~16	14~16
磷肥	磷酸二铵	15~20	13~17	11~15
钾肥	硫酸钾（50%）	5~7	5~6	4~5

表2-51　甜瓜测土配方施肥推荐卡（追肥推荐方案）

（公斤/亩）

施肥时期	低肥力		中肥力		高肥力	
	尿素	硫酸钾	尿素	硫酸钾	尿素	硫酸钾
伸蔓期	10	4~5	9~10	3~4	8~10	3~4
果实膨大初期	13~14	5~6	12~14	4~6	12~13	4~5
果实膨大中期	10	4~5	9~10	3~4	8~10	3~4

18. 大蒜的营养特性与施肥技术

（1）营养特性　大蒜为百合科葱属一、二年生草本植物。

根系为弦线状肉质须根，属浅根性蔬菜，根系主要分布在 25 厘米以内的表土层中，横展直径 30 厘米，对水肥的反应较为敏感，表现为喜湿喜肥的特点。播种前，蒜瓣基部已形成根的突起，播后遇到适宜条件，一周内便可发出新根 30 余条，而后根数增加速度减慢，根长却迅速增加。退母后又发生一批新根。采薹后根系不再生长，并开始衰亡。抽薹时顶生花芽，同时花茎周围叶芽间形成侧芽，即蒜瓣。蒜薹顶部有大花苞，其内聚生鳞茎和花，大蒜的花虽属两性花，但一般不结实。大蒜鳞茎由鳞芽、叶鞘和短缩茎三部分组成，是鳞芽的集合体，也是大蒜的主要产品器官。大蒜的品种分类，如以色泽分类，可分为白皮蒜和紫皮蒜，以蒜瓣的大小可分为大瓣蒜和小瓣蒜。大蒜的生育期分为萌芽期、幼苗期、鳞芽及花芽分化期、蒜薹伸长期、鳞芽膨大盛期、休眠期。

大蒜萌芽时所需的各种营养由种瓣提供，而不需从土壤中吸收，随着幼苗的生长，种瓣的营养逐渐消耗，最终干缩，即退母，此后植株的生长完全靠土壤的营养供应，吸肥量明显增加，从花芽分化结束到蒜薹采收是植株吸肥的高峰期。大蒜对各种营养元素的吸收量以氮最多，然后依次为钾、钙、磷、镁，各种元素的吸收比例氮：磷：钾：钙：镁为 1：0.25～0.35：0.85～0.95：0.5～0.75：0.06。大蒜的适宜氮浓度较其他园艺作物低，而适宜的磷浓度较其他的要高，对其他大量元素的要求与其他作物差别不大。每生产 1 000 公斤大蒜，需吸收氮 8.4 公斤，五氧化二磷 1.2～1.5 公斤，氧化钾 4.4～5.3 公斤，钙 0.7～1.3 公斤。此外，大蒜是喜硫蔬菜，施用硫酸钾有利于改善产品品质。

（2）施肥技术

①基肥：大蒜根系浅，根毛少，吸肥力弱，对基肥质量要求较高。常用作基肥的农家肥有猪圈肥、人粪尿、鸡鸭肥、厩肥、饼肥等。结合基肥，还常施用石灰以调节土壤酸度。一般每亩施人、畜粪尿 2 500～3 000 公斤。也有用化肥做基肥的，每亩用

硝酸铵 18~22 公斤，施土沟中，并覆土盖好。

②追肥：追肥一般以氮肥为主，但氮、磷、钾及多种养分的配合施用，不但有利于大蒜的正常发育，而且有利于促进养分的吸收利用和品质改善。一般来说，秋播大蒜的追肥可分 5 次进行，在幼苗期、越冬前要各追肥一次，幼苗期追施硫酸铵 15~20 公斤，硫酸钾 15~20 公斤，越冬前追施人粪尿或其他腐熟粪肥 1 000~1 500 千克/亩。大蒜在越冬后至收获需追肥 3 次，分别在返青期、蒜薹生长期和蒜头生长期。返青期，在冬前充分施肥的基础上，可适当减少返青肥的用量，每亩施入硫酸铵 10~15 公斤或腐熟的人粪尿 1 000~1 500 公斤；蒜薹和蒜头生长期是大蒜追肥的两个关键时期，应追施硫酸铵 20~25 公斤或尿素 9~11 公斤，硫酸钾 10 公斤左右。

19. 大葱营养特性与施肥技术

（1）营养特性　由于大葱各生育期的生长量不同，其吸肥量也不相同。越冬前的幼苗，因气温较低，生长量小，通常需肥量不多。在苗床施足基肥的情况下，一般不需要施肥，肥料过多反而会造成幼苗徒长，不利于越冬。从越冬到返青，由于生长量极小，幼苗基本处于冬眠状态，需肥量也极少；返青后，幼苗进入生长盛期，历时 80~100 天，对于冬葱来说是培育壮苗的关键时期，有时需人为限制其对养分的吸收；对于生产青葱来说，则是产量形成的关键时期，吸肥量较多。定植大田后即进入葱白形成期，初期生长处于恢复阶段，吸肥量少；秋凉后进入旺盛生长期，吸肥量最多，是形成冬葱产量的季节，也是肥水管理的关键时期。此时应防止施肥过多，影响冬葱的贮存性能。

大葱比较喜肥，对氮素很敏感，施用氮肥有明显的增产效果。养分吸收量以钾最多，氮次之，磷最少，$N:P_2O_5:K_2O$ 比例为 $1:0.4:1.3$。除氮磷钾外，钙、锌、锰、硼和硫等各种营养元素对大葱的产量和品质均有一定的影响。通常增施含这些元素的肥料可使葱白增长增粗，从而达到提高产量和品味变浓的目的。

（2）施肥技术

①基肥：大葱要求土层深厚，保水保肥力强的肥沃土壤。由于它的生育期长，因此除需要充足的基肥外，还需在不同生育期进行多次追肥。冬葱施肥分为苗床施肥和田间施肥两部分。苗床施肥以基肥为主，亩施腐熟堆肥或厩肥 2 000～3 000 公斤，过磷酸钙 40～60 公斤，于整地前撒施并耕翻入土，然后浅耕细耙，使有机肥料与土壤充分混匀。

②追肥：第一次追肥在立秋前后，亩追施三元复合肥（16—16—16）20 公斤，尿素 5 公斤；第二次追肥在 8 月下旬，亩追施三元复合肥 20 公斤，尿素 7 5 公斤；第三次追肥在 9 月下旬，亩追施三元复合肥 20 公斤，尿素 10 公斤。

20. 洋葱的营养特性与施肥技术

（1）营养特性　洋葱，又称圆葱、葱头。为百合科葱属植物。葱头适应性强，又耐贮藏和运输，成为调剂蔬菜淡季供应的一种重要蔬菜。洋葱根系属弦线状须根系，吸水吸肥能力弱，分布浅，主要根系集中在 5～25 厘米土层中，要获得洋葱的优质高产，需要选择肥沃、疏松、有机质含量丰富和保水保肥力强的砂质壤土。洋葱不同生育期需肥不同，从种子播种到收获鳞茎为营养生长期，通过生理休眠，满足鳞茎对低温和长日照的要求后，即形成花芽，开花结籽，为生殖生长期，从播种到收获种子要经过 2～3 年。一般生产上，主要应用营养生长生产洋葱上市。据测定，每生产 1 000 公斤葱头鳞茎，需吸收纯氮 2.0～2.4 公斤，五氧化二磷 0.7～0.9 公斤，氧化钾 3.7～4.1 公斤。洋葱在发芽期，由于芽和胚根的生长主要依靠胚乳所贮藏的营养，很少利用土壤营养；幼苗定植缓苗后，根系和叶片生长缓慢，此期养分吸收量较少；幼苗返青后，生长量增加，特别是根系快速生长，需肥量和吸肥强度迅速增大，进入发棵期，吸肥量急剧增加，吸肥强度达到高峰；随着温度升高，日照增长，叶部生长受抑制，需肥量缓慢上升，吸肥强度下降，进入鳞茎膨大期，主要由叶片和叶鞘中贮藏的营养转移供应到鳞茎中。

（2）施肥技术

①基肥：洋葱播种前要精细整地，施足基肥，每亩施用腐熟有机肥2 000公斤，磷酸二铵15公斤，尿素10公斤，均匀混入10～15厘米表土层中。

②追肥：秋播洋葱要注意施用返青肥，每亩用尿素10公斤，在灌水或降雨前施用。重施鳞茎膨大肥，每亩用磷酸二铵15公斤，尿素10公斤，以点施或者穴施为佳。同时，在鳞茎膨大期可以适当加喷叶面肥，以防止植株早衰。

21. 韭菜的营养特性与施肥技术

（1）营养特性　韭菜为百合科葱属多年生宿根性蔬菜，原产于中国，韭菜具有典型的多年生蔬菜的特点。可播种一次，连续多年收获，一年内可收获多茬。全年各期均可上市，做到均衡上市周年供应。播种当年的韭菜需要育苗移栽，第二年可管理和收获。省时、省力，栽培管理简便。尤其韭菜的根系吸收能力强，喜肥、耐肥。在表土深厚，富含有机质、保水、保肥力强的土壤中生长最适宜。

韭菜对肥料的需求以氮肥为主，配合适量的磷、钾肥料。只有氮素肥料充足叶子才能肥大柔嫩，与其他蔬菜相比吸氮量较高，但氮素过多易造成韭菜倒伏。增施钾肥可以促进细胞分裂和膨大，加速糖分的合成和运转；施入足量的磷肥，可促进植株对氮肥的吸收，提高产品品质，另外有机肥料的施入可以改良土壤，提高土壤的通透性，促进根系生长，改良品质。亩产5 000公斤韭菜，每年需要吸氮（N）25～30公斤，磷（P_2O_5）9～12公斤，钾（K_2O）31～39公斤。生产上施肥时应参照上述数量进行。

韭菜光合作用所制造的营养物质，用于叶部的生长，并贮存于根茎之中，叶部收割后要依靠根茎中的贮藏物质供新叶生长，因而产品收获后必须通过追肥来补充营养。所以收割次数应与施肥有机结合起来，每年收割 2～4 茬为宜，收割后及时追肥，要"刀刀追肥"。追肥以速效性氮肥为宜，这对恢复韭菜长势、促进分蘖、延长植株寿命、提高下茬产量都具有重要作用。

（2）施肥技术

①基肥：当年播种的韭菜。首先在苗床或育苗地内育苗，苗长到大小合适时，定植到大田中。幼苗期韭菜生长量小，耗肥量少，但由于幼苗相对比较弱小，根系不发达，吸肥力弱，除施足底肥外还应分期追施速效化肥，促进生长，使幼苗生长健壮。定植后进入秋凉季节，韭菜生长速度加快，生长量加大，应及时追肥促进养分的制造和积累。当年播种的韭菜一般当年不收割，没有养分损失。

定植底肥：韭菜苗高长至 18～20 厘米时是韭菜定植适期。定植前在定植地内应大量施入腐熟有机肥料，为韭菜生长创造一个比较好的生活环境。亩施入有机肥 5 000 公斤，采用撒施，耕翻入土，整平地后按栽培方式作畦或开定植沟，畦内、沟内再施入优质有机肥 2 000 公斤/亩，肥料与土壤混合均匀后即可定植。

播种第二年的韭菜已经生长健壮，发育成熟，开始收割上市。此期的施肥原则是及时补充因收割而带走的养分，使韭菜迅速恢复生长，保持旺盛的生长势头，防止因收割造成养分损失而导致植株早衰，影响以后数年的生产。

②追肥：苗期追肥：韭菜苗期为促其生长一般在韭菜苗高12～15 厘米时结合浇水追二次肥，硫酸铵 20 公斤/亩。

营养生长旺盛期追肥：定植后的韭菜经过炎热夏季后，进入凉爽秋季。此时是韭菜最适宜的生长阶段，是肥水管理的关键时期，及时施肥，促进叶部生长为韭菜根茎膨大和根系生长奠定了物质基础。韭菜的越冬能力和来年的长势主要取决于冬前植株积累营养的多少，而营养物质的积累又决定于秋季生长状况，所以应抓好此阶段的肥水管理。一般要追 2~3 次肥。北方地区追施肥料于 9 月上旬和下旬各一次，硫酸铵 15~20 公斤/亩，随水施入。10 月上旬再追一次硫铵（用量同上）或追施一次浓粪稀水。

追肥方法：在韭菜收割后 2~3 天，新叶长出 2~3 厘米结合浇水追硫酸铵 15~20 公斤/亩。不要收割后马上浇水，施肥，这样易引起根茎腐烂。也可以随水追施氨水 20~30 公斤/亩，既有肥效，又能防治韭蛆。

韭菜收获一般在春秋两季，炎夏不收割韭菜。夏季由于韭菜不耐高温，高温多雨使光合作用降低，呼吸强度增强，生长势减弱，呈现"歇伏"现象，此期韭菜管理以"养苗"为主，养苗期间要适当追肥，以增强韭菜抗性，安全渡夏追肥量以硫酸铵 15~20 公斤/亩为宜，施肥可在雨季进行不必再浇水了。

韭菜追施有机肥料一定要充分腐熟，否则易引发韭蛆，而影响韭菜正常生长。

22. 草莓的营养特性与施肥技术

（1）**营养特性** 草莓属于蔷薇科草莓属多年生宿根性草本植物。草莓的根是须根系，由初生根、侧根和根毛组成，属于浅根系作物，根系主要分布于 10~20 厘米的土层中。草莓对土壤条件的选择并不十分严格，在各种类型的土壤上均能生长，但要达到高产优质就应该栽培在疏松、肥沃、透气性好的土壤上，同时应保持土壤 pH 值在 5.6~6.5 之间。沼泽地、盐碱地、石灰土、黏土和沙土都不利于草莓生长。

草莓生长需要氮磷钾及硼、镁、锌、铁、钙等多种中微量元素。不同生育期草莓营养特性不同，生长早期需磷，早中期大量需氮，整个生长期需钾。一旦某种元素缺乏，植株就会表现出相应的缺素症状，应及时采取补救措施。一般开始缺氮时特别是生长盛期，叶子逐渐由绿色向淡绿色转变，随着缺氮的加重叶片变成黄色，局部枯焦而且比正常叶略小。幼叶随着缺氮程度的加剧，叶片反而更绿。老叶的叶柄和花萼呈微红色，叶色较淡或呈现锯齿状亮红色。缺磷植株生长弱、发育缓慢、叶色带青铜暗绿色，缺磷加重时，上部叶片外观呈现紫红的斑点，较老叶片也有这种特征。缺磷植株上的花和果比正常植株小。含钙较多或酸度高的土壤以及疏松的沙土或有机质多的土壤易发生缺磷现象。缺钾的症状常发生于新成熟的上部叶片，叶片边缘常出现黑色、褐色和干枯继而为灼伤，还在大多数叶片的叶脉之间向中心发展，老叶片受害严重，缺钾草莓的果实颜色浅、味道差。出现缺素症状时应及时进行营养调控。

（2）施肥技术　草莓全生育期亩施肥量为有机肥 3 000 ～ 3 500 公斤（或商品有机肥料 450 ～ 500 公斤），氮肥（N）14 ～ 16 公斤，磷肥（P_2O_5）6 ～ 8 公斤，钾肥（K_2O）8 ～ 10 公斤。有机肥料做基肥，氮、钾分基肥和 2 次追施，3 次施肥比例为 3：3：4，磷肥全部基施，化肥和农家肥（或商品有机肥料）混合施用。

①基肥：基肥以有机肥料为主，配合适量化肥。一般亩施农家肥 3 000 ～ 3 500 公斤或商品有机肥料 450 ～ 500 公斤，尿素 5 ～ 6 公斤，磷酸二铵 15 ～ 20 公斤，硫酸钾 5 ～ 6 公斤。

②追肥：每年在植株返青后开花前追肥：一般亩施尿素 9 ～ 10 公斤，硫酸钾 4 ～ 6 公斤。

浆果膨大期追肥：一般亩施尿素 11 ～ 13 公斤，硫酸钾 7 ～ 8 公斤。

③根外追肥：花期前后叶面喷施 0.3% 尿素或 0.3% 磷酸二氢钾 3 ～ 4 次或 0.3% 硼砂，可提高坐果率，并可改善果实品质，增加单果重。初花期和盛花期喷 0.2% 硝酸钙加 0.05% 硫酸锰（体积 1：1），可提高产量及果实贮藏性能。

以北京地区为例，草莓有关施肥量推荐方案见表 2 - 52、表 2 - 53 和表 2 - 54。

表2-52 草莓推荐施肥量 （公斤/亩）

肥力等级	目标产量	纯氮	五氧化二磷	氧化钾
低肥力	2 500~3 000	15~17	7~9	9~11
中肥力	3 000~3 500	14~16	6~8	8~10
高肥力	3 500~4 000	13~15	6~7	7~9

表2-53 草莓测土配方施肥基肥推荐方案（公斤/亩）

	肥力水平	低肥力	中肥力	高肥力
	产量水平	2 500~3 000	3 000~3 500	3 500~4 000
有机肥料	农家肥	3 500~4 000	3 000~3 500	2 500~3 000
	或商品有机肥料	450~500	400~450	350~400
氮肥	尿素	5~6	5~6	5
	或硫酸铵	12~14	12~14	12
	或碳酸氢铵	14~16	14~16	14
磷肥	磷酸二铵	15~20	13~17	13~15
钾肥	硫酸钾(50%)	5~7	5~6	4~5
	或氯化钾(60%)	4~6	4~5	3~4

表2-54 追肥推荐方案 （公斤/亩）

施肥时期	低肥力		中肥力		高肥力	
	尿素	硫酸钾	尿素	硫酸钾	尿素	硫酸钾
返青后至开花前	9~10	5~6	9~10	4~6	8~9	4~5
浆果膨大期	12~13	8~9	11~13	7~8	10~12	6~8

三、蔬菜缺素症状及其防治方法

（一）氮素缺素症状及其防治

1. 氮的生理功能

①作物体内含氮化合物主要以蛋白质形态存在。蛋白质是构成生命物质的主要成分。

②氮是核酸的组成成分。植物体内的遗传信息靠脱氧核糖核酸传递。

③氮是植物体内许多酶的组成成分。氮通过酶而间接影响植物体内的各种代谢过程。

④氮参加叶绿素的组成。植物缺氮时，体内叶绿素含量减少，叶色呈浅绿或黄色，叶片的光合作用就会减弱，碳水化合物含量降低。

⑤植物体内一些维生素，如维生素 B_1、B_2、B_6、P 等也含有氮。

2. 氮不足或过多的症状表现

氮素营养条件对蔬菜生长发育有明显影响。缺氮时地上部和根系生长都显著受到抑制。缺氮对叶片发育的影响最大，叶片细小直立，与茎的夹角小，叶色淡绿，严重时呈淡黄色。失绿的叶片色泽均一，一般不出现斑点或花斑。因为作物体内的氮素化合物有高度的移动性，能从老叶转移到幼叶，所以缺氮症状通常先从老叶开始，逐渐扩展到上部幼叶。这与受旱叶片变黄不同，后者几乎同株上下叶片同时变黄（表3-1）。

缺氮作物的根系最初比正常的根系色白而细长，但根量少；

而后期根停止伸长，呈现褐色。氮素过多时容易促进植株体内蛋白质和叶绿素的大量形成，使营养体徒长，叶面积增大，叶色浓绿、叶片下披互相遮阴，影响通风透光。

表3－1　蔬菜缺氮的主要症状

蔬菜种类	主　要　症　状
甘蓝	幼叶浅绿色，老叶紫红色或橙色，下部叶片易脱落
胡萝卜	叶色淡绿，并逐渐变黄，叶柄细弱
芹菜	叶子黄化，逐渐枯萎而脱落，茎细，且多纤维
黄瓜	植株下部叶片黄化，植株矮小，容易出现花打顶现象，果实弯曲或为小头果
番茄	叶片薄，淡绿色，从基部叶片开始黄化，并向上部发展，严重时脱落，果实小
莴苣	叶色淡绿，老叶黄化，幼叶不结球
洋葱	叶色淡绿，老叶死亡，筒状叶细短，叶硬
四季萝卜	叶片薄而窄小，淡绿色，茎细弱，根系发育不良

3. 防治对策

（1）缺氮症状的防治

①培肥土壤：增加土壤有机质，增施有机肥料，如厩肥、栏肥、垃圾肥等，增加土壤的供氮力。

②少量多次追施氮肥：对砂性土壤及生长期长的蔬菜，应少量多次施用氮肥。

③旺长期重点追施氮肥：对结球类菜的结球期，果菜类的膨果期，叶菜类的速长期要重施一次氮肥以补充氮素不足。

（2）氮素过量的防治　要做到控制氮肥用量，并注意氮、磷、钾肥配合施用，实现平衡施肥。

（二）磷素缺素症状及其防治

1. 磷的生理功能

①磷的正常供应，有利于细胞分裂、增殖，促进根系伸展和

地上部的生长发育。当缺磷时，影响核苷酸与核酸的形成，使细胞的形成和增殖受到抑制，导致果树生长发育停滞。

②磷能加强光合作用和碳水化合物的合成与运转。

③促进氮素的代谢。

④提高蔬菜对外界环境的适应性。磷能提高蔬菜的抗旱、抗寒、抗病等能力。

2. 磷素营养失调的症状

缺磷的症状在形态表现上没有缺氮那样明显。缺磷时，使各种代谢过程受到抑制，植株生长迟缓、矮小、瘦弱、直立，根系不发达，成熟期延迟，果实较小。

缺磷植株的叶小，叶色呈暗绿或灰绿，缺乏光泽，这主要是由于细胞发育不良，致使叶绿素密度相对提高；同时植株缺磷，有利于铁的吸收和利用，间接地促进叶绿素的合成，使叶色变深暗。当缺磷较严重时，植株体内碳水化合物相对积累，形成较多的花青苷。因此，在茎叶上出现紫红色斑点或条纹。严重时，叶片枯死脱落。症状一般从基部老叶开始，逐渐向上部发展。

蔬菜缺磷的主要症状如表3-2所示。磷素过多能增强作物的呼吸作用，消耗大量碳水化合物，叶肥厚而密集，系统繁殖器官过早发育，茎叶生长受到抑制，引起植株早衰。由于水溶性磷酸盐可与土壤中锌、铁、镁等营养元素形成溶解度低的化合物，降低上述元素的有效性。因此，因磷素过多而引起的病症，通常以缺锌、缺铁、缺镁等的失绿症表现出来。

表3-2　蔬菜缺磷的主要症状

蔬菜种类	主　要　症　状
甘蓝	叶片暗绿带紫，外叶表现更为明显，叶小而硬，叶缘枯死
胡萝卜	叶子暗绿带紫，老叶死亡，叶柄向上生长
芹菜	叶色暗紫，叶柄细小，根系发育不良，植株停留在叶簇生长期
黄瓜	叶色暗绿，随着叶龄的增加，颜色更加暗淡，逐渐变褐干枯，茎细，果实呈暗铜绿色

续表

蔬菜种类	主 要 症 状
莴苣	叶片呈暗绿色、红褐或紫色，老叶死亡，生长矮小，叶球生长不良，结球迟，茎顶端成莲座叶状
萝卜	叶背面呈红紫色，根系发育不良，植株生长矮小
番茄	叶子呈橄榄绿色，叶背面叶脉呈紫色，茎细，叶片稀疏，植株矮小。老叶黄化，显紫褐色斑，容易脱落

3. 防治对策

（1）临时处理方法

①叶面喷洒：出现缺乏症时，可喷洒 0.3%～0.5% 磷酸二氢钾或磷酸氢钙液。

②施用磷酸肥料：于作物根部附近条施堆厩肥与过磷酸钙的混合肥料。

③施用镁肥：由于镁的缺乏易抑制磷的吸收，施用镁肥 6.67～20 公斤/亩可减轻缺磷的现象。

（2）根本对策

①有计划地施用磷酸肥料：如葱头应注意根部附近的施肥，寒冷季节生长的作物，由于吸收力较差，施用量应增多。

②酸性土壤的改良：土壤如为酸性，磷则变为不溶性的磷酸铁（或铝）。虽土中有磷酸的存在也不能吸收，因此适度改良土壤酸度，可提高肥效。

③施用堆厩肥：施用后，磷肥不会直接与土壤接触，可减少被铁或铝所固定，促进根对磷酸的吸收。

（三）钾素缺素症状及其防治

1. 钾的生理功能

①钾与代谢过程密切相关，是多种酶的活化剂，参与体内糖和淀粉的合成、运输和转化。

②促进蛋白酶的活性，增加对氮的吸收，提高树体和果实中蛋白质含量。

③增强原生质胶体的亲水性，使蔬菜有较强的持水能力，增强蔬菜的抗旱性。

④增强体内糖的储备和细胞渗透压，可提高蔬菜的抗寒性。

2. 钾素营养失调的症状

钾和氮、磷一样，在作物体内有较大的移动性。随着作物的生长，钾不断由老组织向新生幼嫩部位转移，即再利用率高。所以，钾比较集中地分布在代谢最活跃的器官和组织中，如生长点、芽、幼叶等部位。

作物故在缺钾时老叶上先出现缺钾症状，再逐渐向新叶扩展，如新叶出现缺钾症状，则表明严重缺钾。

缺钾的主要特征，通常是老叶和叶缘先发黄，进而变褐，焦枯似灼烧状。叶片上现出褐色斑点或斑块，但叶中部、叶脉处仍保持绿色。随着缺钾程度的加剧，整个叶片变为红棕色或干枯状，坏死脱落（表3-3）。

表3-3 蔬菜缺钾的主要症状

蔬菜种类	主 要 症 状
菜豆	小叶失绿，叶缘、叶脉间呈褐色坏死，小叶卷曲呈杯状向下生长
结球甘蓝	叶色暗绿，有褐色卷曲的边缘，老叶淡紫，叶尖凋萎，结球小，不紧实
紫甘蓝	叶子呈灰红带蓝色，叶缘呈褐色凋萎，叶面不平滑，结球小而松软，颜色不正
厚皮甜瓜	叶淡绿，老叶发育较小，并有褐色坏死斑，叶缘有水疱，茎细长而开裂，果实顶端开裂
胡萝卜	叶色淡绿，逐渐发展为褐色，肉质根短小，呈纺锤形
花椰菜	叶色暗绿，老叶变黄，叶缘与叶脉间的组织呈褐色
芹菜	叶色暗绿，小叶卷曲，有坏死的褐色叶，茎叶短小
豇豆	小叶有斑驳，进一步发展呈坏死斑，叶子表面粗糙不平
黄瓜	近叶脉处的叶肉变为蓝绿色，叶缘呈青铜色坏死，症状由基部向上发展，老叶受害最重，幼叶卷曲，果实发育不良，生长缓慢

蔬菜种类	主 要 症 状
莴苣	叶子暗绿色，老叶边缘和叶脉间组织坏死
洋葱	缺钾初期老叶淡黄，进一步发展逐渐凋萎死亡，死亡从老叶的叶尖开始，逐渐扩展到整个叶片，鳞茎形成不良
辣椒	叶缘及叶脉间的组织显斑驳，叶面皱缩
萝卜	叶子中部呈蓝绿色，叶缘灰黄至褐色，老叶深黄至褐色，茎青铜色，叶厚并向下卷曲
菠菜	叶子轻度失绿，边缘坏死，卷曲或凋萎
甜豌豆	基部叶片首先变黄，然后逐渐向上部发展，只有植株顶端叶子呈绿色，叶子早期脱落，植株生长矮小
番茄	叶子从边缘到叶尖变黄或灰绿色，发展下去则组织坏死，坏死部位变为褐色，植株基部叶子似青铜色，茎细长，严重缺钾时，茎上有坏死部位。果实着色不均匀，缺乏硬度

3. 防治对策

（1）临时处理方法　叶面喷洒磷酸二氢钾0.3%液，或于土壤中施用钾肥4~5公斤/亩，蔬菜类对钾的吸收量较其他作物为多，但一次施用多量钾肥时，将会引起镁的缺乏症，因此少量多次施用较为安全。

（2）根本对策

①合理施用钾肥：根据作物对钾吸收的特点及土壤中钾的状况而分期施用钾肥。在果菜类果实肥大期极需钾，此期宜注意施肥，勿使钾缺乏。而在砂质土壤或腐殖质较少的土壤，钾的流失较多，须增加施钾的次数。

②钙镁肥料配合施用：土壤中如钙、镁较少时易发生钾缺乏。但紧急施用钾时易引起镁缺乏，故施用时宜注意。

③培肥地力：平时注意施用堆厩肥，以培肥地力，使钾蓄积，作物需要时，随时可吸收。再者，土壤中有硝酸态氮存在时，钾的吸收较易，如为铵态氮，则吸收被抑制引起缺乏。因这些土壤施用腐殖质时，形成团粒结构，排水良好，硝酸化菌的繁殖变佳，铵态氮将变为硝酸态，使氮、钾协调以利作物吸收。

（四）中量元素缺素症状及其防治

1. 钙素缺素症状及防治方法

（1）植物体内钙的含量分布与缺钙症状　植物体内的含钙量为 0.1%～5%。不同植物种类、部位和器官的含钙量变幅很大。通常双子叶植物含钙量较高，单子叶植物含钙量较低；根部含钙较少，地上部较多；茎叶（特别是老叶）较多，果实、籽粒中则较少。在植物细胞中，钙大部分存在于细胞壁上。

作物缺钙的症状，在田间条件下不易见到。但土壤中钙的含量，却左右着其他营养元素的有效性，并影响到其他养分的缺乏或过剩。作物缺钙的主要特征是幼叶和茎、根的生长点首先出现症状。轻则呈现凋萎，重则生长点坏死。幼叶变形，叶尖往往出现弯钩状，叶片皱缩，边缘向下或向前卷曲，新叶抽出困难，叶尖相互粘连，有时叶缘呈不规则的锯齿状，叶尖和叶缘发黄或焦枯坏死。植株矮小或簇生状，早衰、倒伏。不结实或少结实（表3-4）。

表3-4　蔬菜缺钙的主要症状

蔬菜种类	主 要 症 状
菜豆	植株发黑至死亡
甘蓝	叶缘卷曲，失色，有白色条斑，生长点死亡
厚皮甜瓜	叶片淡绿色并有斑驳，缺钙初期叶缘有褐斑，进一步发展到全株，植株矮小
胡萝卜	叶片失绿，坏死，叶片稀疏
芹菜	幼叶早期死亡，叶片灰绿色，生长点死亡，小叶尖端叶缘扭曲，植株细弱
黄瓜	叶片发黄，有斑驳，僵硬，叶缘淡绿，植株木质化，矮小，节间短，老叶向下弯曲，严重变脆，容易脱落，植株从顶端向下死亡，死亡的组织呈灰绿色
莴苣	幼苗卷曲，生长受抑制，对葡萄孢属病菌敏感，叶片从顶端向内侧死亡，死亡组织呈灰绿色

续表

蔬菜种类	主 要 症 状
豌豆	幼叶卷曲发硬，基部叶片失绿，植株矮小，未熟先衰，根尖坏死
萝卜	幼株叶缘有窄条白斑，叶片有间隔失绿，叶缘卷曲，并坏死
番茄	幼叶顶端发黄，或表现褐色坏死，植株缺乏紧张度，生长衰竭，果实容易发生顶腐病
大白菜	典型的病株在收获时外观正常，剖开叶球可见到中部个别至部分叶片的边缘局部变干，灰黄色，呈干烧状。

（2）防治对策

①施用钙质肥料：对于供钙不足的酸性土壤，应施用石灰、碳酸钙等含钙肥料。此外还可以施其他钙含量高的肥料，如碳酸钙、过磷酸钙及钙镁磷肥等。

石灰性土壤含钙虽多但因各种不良的环境条件容易出现生理性缺钙。土壤施用钙肥常常无效，一般采用含钙质元素的液体肥料进行叶面喷施。常用浓度为 0.3%～0.5%，一般每隔 7 天左右喷一次，连续 2～3 次。据报道，喷钙时期与喷钙效果有关。防治番茄脐腐病以在开花时喷花序上下的 2～3 张叶片效果比较好。防治大白菜干烧心以在莲座中、后期开始喷施效果好。

②及时灌溉，防止土壤干燥：秋冬季蔬菜，如大白菜常常会遇到干旱，当土壤过度干燥时，应及时灌溉，使其保持湿润，增加植株对钙的吸收。

③控制肥料用量：对盐碱土壤及次生盐渍化的大棚土壤，应严格控制氮、钾肥用量，一次用量也不能过多，以防耕层土壤的盐分浓度过高。

2. 硫素缺乏症状及其防治方法

（1）硫素营养失调的症状　植物体中硫的移动性很少，较难从老组织向幼嫩组织运转。缺硫时，由于蛋白质、叶绿素的合成受阻，生长受到严重障碍，植株矮小瘦弱，叶片褪绿或黄化，茎细、僵直、分蘖或分枝少，与缺氮有些相似。但缺硫症状首先在幼叶出现，这一点与缺氮不同。

（2）防治对策　缺硫、缺铁防治方法可用0.30%硫酸亚铁水溶液喷施，连续3次，每次间隔1周，喷时雾点需细而匀。同时可用0.2%的尿素铁水溶液进行根外追肥。

3. 缺镁症状及防治方法

（1）镁素营养失调的症状　钾肥使用过量会影响植物对镁的吸收，同时施用大量的石灰和铵态氮肥也会影响作物对镁的吸收，缺镁首先表现出叶绿素减少，叶片失绿，而且最先表现在老叶上，症状为黄色、青铜色或红色（表3－5）。

表3－5　蔬菜缺镁的主要症状

蔬菜种类	主 要 症 状
甘蓝	老叶叶脉间失绿，叶缘卷曲，叶片皱缩，严重时叶片变黄，并脱落
黄瓜	老叶叶脉间失绿，并由叶脉向叶缘发展，适度缺镁时茎叶生长正常，严重缺镁时失绿扩展到小叶脉，仅主茎仍为绿色，最后全株变黄
芹菜	叶尖及叶缘失绿，逐渐发展至叶脉间出现坏死斑，以至全部叶子死亡
茄子	叶子失绿，叶脉间表现更为显著，果实小，容易脱落
莴苣	老叶失绿有斑驳，严重时叶子全部发黄
洋葱	筒状叶先端发生顶枯，未老先衰，生长缓慢
豌豆	叶尖变成黄褐色，叶片未老先衰
辣椒	叶片变成灰绿色，接着叶脉间黄化，基部叶片脱落，植株矮小，果实稀疏，发育不良
萝卜	老叶叶脉间失绿
番茄	老叶叶脉间失绿并坏死，叶柄向下扭曲，叶缘向上，茎细。缺镁严重时老叶死亡，全株变黄，中等缺镁时对果实影响不大

（2）防治对策

①大棚蔬菜种植时，避免黄瓜、番茄等需镁量大的蔬菜连作。

②及时灌溉，保持土壤湿润，减轻土壤盐分浓度过高而影响对镁的吸收。

③施用硫酸镁等镁肥每亩用量 10～20 公斤。对一些酸性土壤最好用镁石灰，每亩用量 50～100 公斤。

④用 1%～2% 硫酸镁溶液，在症状激化前喷洒，每隔 5～7 天喷一次，共喷 3～5 次。

（五）微量元素缺素症状及其防治

1. 缺锌症状及其防治方法

（1）缺锌症状　叶变小，叶脉间黄化卷曲，节间缩短，形成簇生小叶，称为小叶病。

植物对缺锌反应的敏感程度，一般分为三类：

①最敏感的植物：如甘蓝、莴苣、芹菜、菠菜、番木瓜等。

②中度敏感的植物：如马铃薯、洋葱、甜菜等。

③不敏感的植物：如豌豆、胡萝卜、芥菜等。

（2）防治对策

①临时处理方法

a. 叶面喷洒：叶面喷洒 0.3% 硫酸锌加 0.2%～0.3% 的生石灰，或石灰硫磺合剂加 0.3% 硫酸锌。

b. 土壤施用硫酸锌：可施用硫酸锌 1.33 公斤/亩。

c. 对于锌过剩的处理：过剩症出现时，可施用石灰肥料 53.3 公斤/亩，成石灰乳的状态流入畦的中央或全面撒布。

②根本对策

a. 施用含有锌的物质。

b. 施用有机物质。

c. 勿过量施用磷：如施磷肥过多，将抑制作物对锌的吸收，易产生锌缺乏症。

d. 调节土壤酸度：土壤酸性时，易产生锌过剩，适当地调整适合于作物生长的酸度甚为重要。

2. 缺铁症状及其防治方法

（1）缺铁症状　一般表现为顶端和幼嫩叶片缺绿黄白化，心叶常白化，叶脉颜色深于叶肉，色界清晰。双子叶植物形成网纹花叶，单子叶植物形成黄绿相间条纹花叶。不同作物症状为：果菜类及叶菜类蔬菜缺铁，顶芽及新叶黄白化，仅沿叶脉残留绿色，叶片变薄，一般无褐变、坏死现象；番茄叶片基部还出现灰黄色斑点。花椰菜、甘蓝、空心菜（蕹菜）等对缺铁敏感或比较敏感。缺铁易发生在石灰性、高 pH 值土壤。

（2）防治方法

缺铁症的防治主要选用硫酸亚铁。

①作基肥：可将硫酸亚铁和有机肥料混合均匀，一起撒施地面。

②叶面喷肥：浓度为 0.5% ~ 1.5%，在蔬菜刚出现缺铁症状时喷施，此后，每 7 ~ 10 天喷施 1 次，共喷 3 次。

3. 缺铜症状及其防治方法

（1）缺铜症状　一般表现为顶端枯萎，节间缩短；叶尖发白，叶片变窄变薄，扭曲；繁殖器官发育受阻、裂果。蔬菜中的叶菜类也易发生顶端黄化病。敏感作物主要为菠菜、葱头、莴苣、番茄，其次为白菜、甜菜等。

缺铜易发生在以下 3 类土壤：第一，含铜量低的土壤，如花岗岩、钙质砂岩、红砂岩以及石灰岩等母质发育的土壤。有机质含量高的土壤，如泥炭土、腐泥土、褐色森林土。第二，炎热干旱季节，特别是在沼泽泥炭地区，经排水后的新垦荒地。第三，表土流失强烈的土壤。pH 值高于 7.0 以及低于 4.5 的土壤。氮、磷、锌以及铝、铁、锰、钼含量高的土壤。

（2）防治对策　铜肥的施用方法有土壤基肥、追肥、叶面喷施及种子处理等。作基肥施用每亩用量 1 ~ 1.5 公斤硫酸铜。由于土壤对铜的代换吸附能力强，且作物对铜需量少，铜肥后效期长，不宜连年作基肥施用，可 3 ~ 5 年基施 1 次，切忌施用过多，对作物造成毒害。硫酸铜拌种用量为每千克种子 0.3 ~ 0.6 克，浸种浓度为 0.01% ~ 0.05%。硫酸铜作根外追肥时，浓度应控制在 0.02% 以下，以免引起叶片中毒。

4. 缺锰症状及其防治方法

（1）缺锰症状　一般表现为新叶脉间褪绿黄化，但程度通常较浅，黄、绿色界不够清晰，常对光观察才有比较明显。严重时褪绿部分有黄褐色斑点，继而坏死并可能穿孔；有时叶片发皱、卷曲甚至凋萎。如油菜幼叶首先失绿，叶脉间呈灰黄或灰红色，显示网状脉纹，有时叶片还出现淡紫色及浅棕色斑点。菜豆、蚕豆及豌豆缺锰称"湿斑病"。其特点是未发芽种子上出现褐色病斑，出苗后子叶中心组织变褐，有的在幼茎和幼根上也有出现。甜菜生育初期表现叶片直立，呈三角形，脉间呈斑块黄化，称"黄斑病"，继而黄褐色斑点坏死，逐渐合并延及全叶，叶缘上卷，严重坏死部分脱落穿孔。番茄叶片脉间失绿，距主脉较远部分先发黄，随后叶片出现花斑，进一步全叶黄化，有时在黄斑出现前，先出现褐色小斑点。严重时，生长受阻，不开花结实。马铃薯叶脉间失绿后呈浅绿色或黄色，严重时，脉间几乎全为白色，并沿叶脉出现许多棕色小斑。最后小斑枯死、脱落，使叶面残缺不全。

（2）防治对策　缺锰易发生在富含碳酸盐，pH 值 7.0 以上的石灰性土壤；质地轻、有机质少的易淋溶土壤；水旱轮作的旱茬作物，以及低温、弱光照以及干燥气候的环境条件。土壤富含铁、铜、锌，也将抑制锰的吸收。补救方法为叶面喷 0.05% ~ 0.1% 的硫酸锰溶液 2 ~ 3 次，每周 1 次。蔬菜对锰比较敏感，缺锰后喷洒锰肥增产幅度在 10% ~ 20% 之间。硫酸锰浓度 0.1% ~ 0.3%，亩喷施量因蔬菜生长期而异，苗期 25 公斤即可，生长旺盛时每亩应喷 50 公斤溶液。喷时叶片正反两边均应喷上肥液。喷洒时期宜在苗期为最佳，塑料大棚或地膜覆盖时可多喷几次。黄瓜、冬瓜、南瓜、丝瓜、苦瓜、西葫芦除苗期外，可在初果期、盛果期喷 1~2 次。番茄、茄子、辣椒等可在苗期、催果期、盛果期喷洒。菠菜、芹菜、莴苣、苋菜、空心菜等可在苗期、旺盛生长期喷 1~2 次。

5. 缺钼症状及其防治方法

（1）缺钼症状　缺钼一般表现叶片出现黄色或橙黄色大小不一的斑点；叶缘向上卷曲呈杯状；叶肉脱落残缺或发育不全。不同作物的症状有差异；十字花科作物如花椰菜缺钼，出现特异症状"鞭尾症"。先是叶脉间出现水渍状斑点，继之黄化坏死，破裂穿孔，孔洞继续扩大连片，叶子几乎丧失叶肉而仅在中肋两侧留有叶肉残片，使叶片呈鞭状或犬尾状。萝卜缺钼时，也表现叶肉退化，叶片变小，叶缘上翘，呈鞭尾趋势。豆科作物叶片褪绿，出现许多灰褐色小斑并散布全叶，叶片厚，发皱，有的叶片边缘向上卷曲成杯状，常见于大豆。番茄在第一、二真叶时，叶片发黄，卷曲，随后新出叶出现花斑，缺绿部分向上拱起，小叶上卷，最后小叶叶尖及叶缘均皱缩死亡。叶菜类蔬菜，叶片脉间出现黄色斑点，逐渐向全叶扩展，叶缘呈水渍状，老叶呈深绿至蓝绿色，严重时也显示"鞭尾病"症状。敏感作物主要是十字花科作物如花椰菜、萝卜等，豆科作物如大豆等；其次是叶菜类、黄瓜、番茄等。

（2）防治对策　缺钼易发生在 pH 值低于 5.5 的强酸性土壤，特别是游离铁、铝含量高的土壤。如南方红壤、砖红壤；淋溶作用强的砂土、酸性岩成土、酸性灰化土及有机土；北方黄土母质及黄河冲积物发育的土壤；硫酸根及锰含量高的土壤。

缺钼症的防治主要用钼酸铵。由于蔬菜需钼量较少，且钼肥价格高，最常用的方法是种子处理。种子处理对矫正缺钼症状有明显的效果。浸种浓度为 0.05%~0.1%，拌种每公斤种子用 3~5 克。

6. 缺硼症状及其防治方法

（1）缺硼症状 一般表现为顶端生长受抑、侧芽萌发生长、枝叶丛生；叶片增厚变脆，皱缩歪扭、褪绿萎蔫；叶柄及枝条粗短、开裂、木栓化，或出现水渍状斑点或环节状突起；肉质根内部出现褐色坏死、开裂；繁殖器官分化发育受阻，引起异常的蕾花脱落和不能正常受精而发生不实。蔬菜作物缺硼普遍，按主要症状归类：一是生长点萎缩、死亡，叶片皱缩、扭曲畸形。如结球白菜、菠菜、食用甜菜、莴苣等苗期常发生。二是茎及叶柄开裂、短粗、硬脆。如芹菜的"裂茎病"。老叶叶柄组织开裂、短粗、硬脆；出现多量裂纹、裂口，棕褐色或黑色，粗糙、硬脆，如大白菜叶球内叶中肋褐色开裂。番茄叶柄及叶片主脉硬化、变脆；葱头的管状叶僵硬易碎，基部产生梯状裂隙等。三是根菜类等肉质根内部组织坏死变褐，木栓化、空洞化。如萝卜、芜菁等的典型症状为"褐心病"，也称"褐色心腐病"，患病肉质根外表不一定有明显症状，有时局部凹陷，变黄，干硬，裸露地面的根颈部表皮粗糙、开裂、肉质根内部有黑褐色木栓化坏死区。轻症时有斑块斑点，重症者褐变区可成条带（纵剖）或不连续圈带（横剖）。发生部位多半在形成层，病变组织变硬，辛辣味增强，烧煮不易软烂。四是果菜类的果皮、果肉坏死木栓化，花而不实，如黄瓜果实中心木栓化；番茄果实表面出现锈斑；结球白菜、甘蓝、花椰菜等留种株常出现花而不实等。

（2）防治对策 缺硼发生在有效硼含量低的土壤。如河流冲积物母质发育的砂性土；南方的红壤、砖红壤、赤红壤；华中、华东等丘陵地区花岗岩、片麻岩发育的砂泥土；第三纪红砂岩发育的红砂土；凝灰流纹岩类风化物发育有砂砾质山坡地土壤；西北黄土母质发育的塿土、黄绵土；有机质贫乏熟化度低的土壤；持续干旱导致土壤有效硼含量降低；同时作物吸硼下降，促发缺硼；施用石灰过量的土壤。偏施氮肥，使 N/B 的比值过大，也会促使或加重缺硼。

缺硼症的防治，主要用硼砂。

①基肥：每亩的用量为 0.3 ~ 0.5 公斤，与有机肥料或细土拌均匀，撒施于地面深翻土中。有效期为 2 年。

②叶面喷肥：可选择可溶性的硼砂、硼酸等，喷施浓度为 0.05% ~ 0.2%，以蔬菜生长前期（苗期）至花期喷施为宜。

③浸种：浸种一般采用 0.02% ~ 0.05% 的硼砂溶液，浸种时间应根据不同的蔬菜种类，灵活掌握。

四、化肥品种与特性

（一）大量元素肥料

1. 氮肥

（1）氮肥在农业生产中的作用　氮素是作物的主要营养元素，它对作物产量和品质关系极大。氮的营养作用主要表现为它是植物体内许多重要有机化合物，如蛋白质、核酸、叶绿素、酶、生物碱和激素的组成成分。缺氮时，由于蛋白质合成减少，酶和叶绿素含量下降，而导致一切生长过程减缓，细胞分裂迟缓，致使植株矮小、叶片小而薄、老叶提前脱落，根系生长缓慢，侧根减少。由于缺氮，细胞分裂素合成受阻，因而影响分裂和分枝。缺氮的谷类作物穗数和粒数减少，粒重减轻，产量下降。不仅如此，氮素与产品品质也有密切关系。产品中的蛋白质、维生素和必需氨基酸的含量都受氮素水平的影响。土壤普查和大量的试验资料表明，我国绝大部分土壤都缺氮，因此各地施用氮肥都有显著的增产效果。施用氮肥不仅能明显增产而且能改善产品品质。

（2）氮肥的种类和各类氮肥的共同特性

①氮肥的分类：氮肥种类很多，一般可根据氮肥中氮素化合物的形态分为铵（氨）态氮肥、硝酸态氮肥和酰胺态氮肥三类。

a. 凡是肥料中的氮素以铵离子（NH_4^+）或氨（NH_3）形态存在的，就属于铵（氨）态氮肥。其中包括液体氨、氨水、碳酸氢铵、硫酸铵和氯化铵等。液体氨和氨水是液体氮肥，其性质不稳定。碳酸氢铵虽是固体氮肥，但极容易分解挥发，只有硫酸铵和氯化铵属于化学性质比较稳定的化学氮肥。

b. 凡是肥料中的氮素以硝酸根离子（NO_3^-）形态存在的，就属于硝酸态氮肥。其中包括硝酸钠、硝酸钙、硝酸钾和硝酸铵。硝酸钾中除含氮素外，还含有另一个三要素的成分——钾，因此这一肥料品种也属于复合肥料。硝酸铵兼有铵态氮素和硝态氮素，应属铵硝态氮肥，但因它的性质与其他硝酸态氮肥性质更接近，如极易溶于水，吸湿性很强，具有易燃、易爆性质等，所以人们常把它归为硝酸态氮肥之中。

c. 凡是有酰胺基（—$CONH_2$）或在分解过程中能产生酰胺基的氮肥，就属于酰胺态氮肥。尿素是酰胺态氮肥的代表。

②各类氮肥的共同性质

a. 铵态氮肥：铵态氮肥易溶于水并产生 NH_4^+ 及相应的阴离子部分，如果是气态氨，施入土壤后也能很快就转变为 NH_4^+，由此可见，这类氮肥都易溶于水，是速效性肥料，作物能直接吸收利用，肥效快。铵离子能与土壤胶粒上已有的阳离子进行交换作用，而吸附在土壤胶粒上，形成交换态养分，如石灰性土壤中可形成相应的钙盐，铵离子被吸附后，移动性小，不易流失，可逐步供给作物吸收利用。其肥效比较平稳，并相对比硝态氮肥的肥效长。因此，这类氮肥既可作追肥，也可作基肥施用。遇碱性物质会分解，分解后释放出氨而挥发损失。在贮存、运输和施用过程中都应注意氨挥发的可能，尤其是液体氮肥（液体氨、氨水）和化学性质不稳定的碳酸氢铵，本身就有分解和挥发的特性，当它们与碱性物质接触后，挥发损失就更为突出。石灰性土壤中含有大量碳酸钙，并在土壤溶液中常常有碳酸氢钙（这是碱性物质）存在，若把铵态氮肥施于地表，就会造成氨的挥发，所以，在石灰性土壤上施用铵态氮肥应深施并及时覆土，以减少氨的挥发。在通气良好的土壤中，铵态氮可进行硝化作用，形成硝酸态氮素，形成了硝酸态氮素以后，就可增加氮素在土壤中的移动性，有利于作物根系吸收。

b. 硝酸态氮肥：易溶于水，是速效性肥料。各种硝酸态氮肥的溶解度都很大，吸湿性强，在雨季吸湿后能化为液体，这给施用带来许多不便，不能作种肥。硝酸根是带有负电荷的阴离子，它不能被土壤胶粒吸附，施入土壤后只能存在于土壤溶液中。硝酸根离子能随水分运动而移动。在农田进行灌溉时，或降雨的条件下，它易被淋洗而移动到土壤深层；反之，当气候干燥，土壤蒸发量大时，它又可随毛管水向上移动，甚至集聚在土壤表层。在一定的条件（土壤淹水、嫌气）下，硝酸根离子可能进行反硝化作用形成各种氧化氮气体（NO、N_2O）和氮气（N_2）而逸失。反硝化作用经常发生于水稻田中，在通气不良的旱田中也可能发生。大多数硝酸态氮肥受热时能分解释放出氧气，在贮存中如空间较小有易燃易爆的危险。

由上述特点可以看出，硝酸态氮肥不宜作基肥，更不能作种肥，作追肥最为合适。所有的硝酸态氮肥均不适宜施于水田。若在我国南方多雨的地区或多雨的季节施用，肥效较差。其主要是因为硝酸态氮肥随水流失并易发生反硝化作用所造成的。

c. 酰胺态氮肥：是分子态含氮化合物。在尿酶的作用下，转化为铵态氮，转化后其特性与铵态氮肥相同。

（3）各种氮肥品种的性质和施用

①铵态氮肥：各种铵态氮肥除具有共同性质外，因其阴离子不同，它们又有各自的特点。现将我国常用的主要氮肥分别叙述于下：

a. 碳酸氢铵。碳酸氢铵简称碳铵。是白色细粒晶体，易溶于水，分子式为 NH_4HCO_3，其水溶液呈碱性，pH 值 8.2 ~ 8.4，含氮量 16.5% ~ 17.5%。

碳酸氢铵的化学性质不稳定，在常温下敞开放置能自行分解挥发，尤其是在温度高、湿度大的情况下，分解挥发更为明显。工业上制造的碳酸氢铵，由于含水量不同，一般有干、湿两种产品。一般来说，碳酸氢铵的含水量小于 0.5%，则在常温

（20℃）条件下不易挥发；含水量在 2.5% 以下，分解较慢；大于 3.5% 时，分解就明显加快。农用碳酸氢铵的含水量为 3.5% ~5%。

由于碳酸氢铵化学性质不稳定，故在生产过程中不允许用加温干燥的方法。因此，产品中常含有 5% 左右的水分。在碳酸氢铵晶体的表面只要有水分，就容易引起潮解和挥发。水分含量越高，分解就越快，潮解的结果是引起结块，实质上，结块是一种缓慢分解的表现。

碳酸氢铵分解产生的氨气和二氧化碳均能挥发进入大气，氨的挥发造成氮素损失，分解产生的水分子又可加速碳酸氢铵自身的潮解，这也是造成它在贮藏期间结块的原因之一。因此，在运输和贮藏过程中应避免高温。

碳酸氢铵是无残留的化学肥料。因它在土壤溶液中电离时产生的碳酸氢根离子（HCO_3^-）能形成二氧化碳释放到大气中，在土壤溶液中无任何残留。长期施用碳酸氢铵不影响土壤性质，是十分安全的化肥品种之一。碳酸氢铵释放出的二氧化碳常有利于提高作物的光合作用强度，对提高产量有良好作用。

施用碳酸氢铵必须严格遵守深施并立即覆土的原则。为了防止和减少在施用时氨的挥发，还应尽量避开在高温季节或高温时刻施用。碳酸氢铵在低温季节或一天中气温较低的早、晚时刻施用，可显著减少氮素损失，而提高肥效。碳酸氢铵可作为基肥和追肥，但不能作种肥。因为，碳酸氢铵分解时产生的氨气会影响种子萌发。如需要用作种肥时，必须严格遵守肥料与种子隔开的原则，并且用量不得超过每亩 5 公斤。作追肥时应注意施肥深度，如撒于地表或施后覆土不严密，会发生氨气挥发熏伤作物茎叶。碳酸氢铵作基肥时，无论是旱田或水田，均可结合耕翻时进行。水田耕翻后应及时灌水泡田。在垄作地上，可结合做垄时把肥料施入犁沟内，并立即覆土。旱地作追肥时，可在离中耕作物根系 5 ~10 厘米处施用，施后也必须立即覆土。一般深度在 6 厘米以下为宜，砂土地还应适当深施。如土壤墒情不足，应及时灌溉以提高肥效。施肥结合灌溉可减少碳酸氢铵的挥发，密植作物追施碳酸氢铵应把追肥时期尽量提前到作物封垄前，如冬小麦宜在起身至拔节前期施用。水田追施碳酸氢铵，可拌少量干土撒施，撒后耘耥、灌水并保持一定的水层以免氨气熏伤茎叶。若碳酸氢铵已制成粒肥或球肥，在追肥时间上应适当提前，一般水稻田提前 4～5 天，旱地作物提前 6～10 天为宜。

碳酸氢铵是挥发性很强的氮肥，除应防潮和高温外，在施用时不应与碱性肥料混用。贮存、运输过程中应保证包装无破损。施用时，应开一袋用一袋，用不完的要封口保存，切不可散装堆放。

b. 硫酸铵。硫酸铵简称硫铵，它是历史悠久的氮素化肥品种。硫铵的分子式为：（$NH_4)_2SO_4$，含氮量 20%～21%，纯净的硫酸铵是无色晶体。硫酸铵是炼焦厂的副产品。

副产品生产的硫酸铵常含有少量的杂质而带有颜色（有少量硫氰酸盐时为青绿色，有少量铁盐时为棕红色）。硫酸铵易溶于水，是速效性氮肥。由于有少量的游离酸，可使水溶液呈弱酸性反应。

硫酸铵的化学性质较稳定，在施入土壤前不分解、不挥发，在自然状态下放置，它很少吸湿，也不结块，是一种物理性质较好的氮肥品种。

硫酸铵施入土壤后，可很快地溶于土壤溶液，并以铵离子（NH_4^+）和硫酸根离子（SO_4^{2-}）存在。由于作物吸收 NH_4^+ 的数量大于 SO_4^{2-}，因而使 SO_4^{2-} 残留在土壤中，增强了土壤酸性，所以人们称硫酸铵是生理酸性肥料。

硫酸铵施于不同性质的土壤会发生不同的变化。若施于石灰性或碱性土壤的表面，会发生氨的挥发。因此，硫酸铵用于石灰性或碱性土壤时应施于一定的深度并及时覆土。

硫酸铵施入石灰性和中性土壤时，铵离子与钙离子发生交换，硫酸根离子则和钙离子结合，生成硫酸钙（即石膏）。硫酸钙的溶解度较小，生成沉淀后就存留在土壤中。当存留量较多时就容易堵塞土壤孔隙，而引起土壤板结。但是，若不经常或大量施用，一般不会出现板结现象。如果每年施用一定数量的有机肥料就可避免发生土壤板结的现象。

施入酸性土壤，铵离子除被作物吸收外，还可与土壤胶粒进行交换，硫酸根则使土壤进一步酸化，在酸性土壤上，长期大量施用硫酸铵，其酸化作用十分明显，通常应配合施用石灰和有机肥料。施用石灰可中和土壤酸性，施用有机肥料可增加土壤的缓冲性，有利于缓解酸化的危害。但是施用石灰时，不能与硫酸铵混合或同时施入，而应前后相隔几天，以免造成氨的挥发。

c. 氯化铵。氯化铵分子式为 NH_4Cl，含氮量为 24%～25%。纯净的氯化铵是无色晶体，吸湿性比硫酸铵稍大，物理性质较好，一般不易结块。它的化学性质比较稳定。氯化铵的溶解度比硫酸铵稍低，但也易溶于水，是速效性肥料。氯化铵在土壤中可水解为 NH_4^+ 和 Cl^-，作物吸收 NH_4^+ 多于 Cl^-，因此它也是生理酸性肥料。氯化铵施入石灰性土壤后，其转化的情况与硫酸铵基本上相同。不同的是氯化铵与土壤胶粒吸附的阳离子交换后，产生的是氯化物而不是硫酸盐，它的溶解度比硫酸盐大，在有灌溉的条件下，能淋溶到底土中，不致造成土壤板结。

氯化铵中含有大量氯离子，对于某些作物，如马铃薯、甘薯、亚麻、烟草、甜菜、柑橘、茶树等有不良影响。氯化铵用于块根、块茎作物会降低淀粉含量，因氯离子能促进碳水化合物的水解，施于烟草则影响其燃烧性和芳香气味，施用于甜菜、葡萄、柑橘等则会降低含糖量，从而影响产品品质。凡对氯离子敏感，在产量和品质受其影响的作物均称为忌氯作物。在忌氯作物上不适宜施用氯化铵。如无其他品种的氮肥必须施用氯化铵时，可在播种前提早施入土壤，因氯离子不能被土壤胶粒吸附，易被灌溉水或雨水淋洗至土壤深层，这样可避免氯离子对忌氯作物的不良影响。氯化铵除作基肥外，也可作追肥，但不宜作种肥，因氯离子对种子萌发有不良影响。

②硝酸态氮肥：各种硝酸态氮肥，除有共同的特性外，因其阳离子不同，又有各自的特点。

a. 硝酸钠。硝酸钠是生理碱性肥料。作物吸收 NO_3^- 多于 Na^+，而使 Na^+ 残留于土壤内，并被交换到土壤胶粒上形成钠胶体。Na^+ 不仅能增加土壤碱性，而且使土壤胶体具有分散性。因此，大量施用硝酸钠会破坏土壤结构。硝酸钠适宜施于中性和酸性土壤，盐碱地上不宜施用。一般宜作旱地追肥。对于甜菜来说，施用硝酸钠比其他氮肥效果好，因为甜菜是喜钠作物。

为了减少钠离子对土壤性质的不良影响，应注意配合施用含钙的肥料和有机肥料。硝酸钠作追肥应遵循少量多次的原则。

b. 硝酸钙。硝酸钙的分子式为 $Ca(NO_3)_2$，含氮量 13% ~ 15%，用石灰石和硝酸反应就可制得硝酸钙。硝酸钙也是制造硝酸磷肥的副产品。每生产含一吨氮素的硝酸磷肥，可获得含 0.5 ~ 1 吨氮素的硝酸钙。

硝酸钙的许多性质与硝酸钠相似，如含氮量较低（13% ~ 15%），吸湿性强，易结块，是生理碱性肥料。所不同的是硝酸钙中含有钙，它有改善土壤物理性状的作用。钙离子交换吸附在土壤胶粒上形成的钙胶体，具有凝聚作用，有利于土壤结构的形成。硝酸钙适用于各类土壤，尤其是施在酸性土壤和盐碱地上效果更好。硝酸钙适于作追肥。

c. 硝酸铵。硝酸铵简称硝铵，分子式为 NH_4NO_3，含氮量为 33% ~ 34%，NH_4^+ 和 NO_3^- 各占一半。制造时，用硝酸与氨作用即可得硝酸铵。它是我国目前大、中型化肥厂生产的主要氮肥品种之一。硝酸铵是无色晶体，极易溶于水，吸湿性很强，具有易燃、易爆等多种硝酸态氮肥的共性，所以常把它归在硝态氮肥中。硝酸铵吸湿后易结块，若空气中湿度较大，可吸湿潮解成液体。为了降低其吸湿性，工厂常把硝酸铵制成颗粒，并在颗粒表层喷防潮剂。

硝酸铵中所含养分可全部被作物吸收利用，不留给土壤任何残留物，所以是生理中性肥料。硝酸铵在高温下容易分解，在有限的空间内有可能引起爆炸。硝酸铵与铜、镁、铝金属粉末混合可形成易爆炸的亚硝酸铵。在运输过程中，也会由于振动和摩擦而发热，导致硝酸铵分解，并放出氨，此时如遇可燃物，则可能出现爆炸事故。因此，不应把硝酸铵与油脂、棉花和木材等易燃物存放在一起。在堆放硝酸铵的仓库中，要严格做好防火工作。硝酸铵应放在冷凉、干燥的仓库中。对于已经受潮结块的硝酸铵，只能用木棒轻轻敲碎或用水溶解后施用，不可用铁锤猛击，以免发生爆炸。

硝酸铵一般不提倡作基肥，尤其是多雨的地区，也不适于施在水田中。因为硝酸根离子易随水流失，也会发生反硝化作用。由于硝酸铵吸湿性强，也不宜作种肥。它最适合作追肥。硝酸铵施入土壤后，铵态氮素能被土壤胶粒吸附，硝酸铵含氮量较高，施用时应适量并力求施得均匀。硝酸铵中含有50%的铵态氮素，施用时应深施覆土，防止氨的挥发。

③酰胺态氮肥：尿素是有代表性的酰胺态氮肥。尿素的分子式为 $CO(NH_2)_2$，含氮量42%~46%，它是我国施用的固体氮肥中含氮量最高的。

尿素为无色针状或棱柱状晶体，易溶于水，水溶液呈中性。吸湿性不强，在干燥的环境中有较好的物理性质。但在高温高湿条件下，它也能吸湿潮解。目前生产的尿素多已加入防湿剂，制成半透明的颗粒，含氮量在42%左右。

尿素施入土壤的初期，以分子态存留在土壤溶液中，土壤对它的吸附能力较弱。

由于碳酸铵、碳酸氢铵、氢氧化铵都极不稳定，易分解释放出氨，所以切不可表施。尿素表施将造成氨的大量挥发损失，尤其在碱性土壤上施用，氨的损失更为严重。

尿素转化的速度主要取决于脲酶的数量和活性，而脲酶活性又受土壤 pH 值、土壤肥沃程度、土壤水分含量及温度等因素的影响。有机质丰富，水分、温度适宜时，尿素转化速度很快。据试验资料报道，土壤温度对尿素的转化速度影响较为明显。当土温 10℃时，尿素需 7～10 天才能全部转化；20℃时，需 4～5 天；如土温达 30℃时，只需 2 天就可全部转化。通常黏粒含量多的土壤其脲酶活性比砂质土壤大；含腐殖质数量多的土壤比贫瘠土壤脲酶含量高，中性土壤中尿素转化的速率明显比酸性或碱性土壤快。据中国农业科学院土壤肥料研究所的资料表明，尿素在不同质地的土壤中转化均受温度的影响。温度愈高，转化为碳酸铵（表现为氨化高峰）所需的时间愈短，气温在 25～30℃条件下，各不同质地的土壤大都在 4 天以内出现氨化高峰，而温度在 15～20℃时，则需 7 天。黏壤土中脲酶水解作用强烈，在 25～30℃时，施肥 1 天后就出现氨化高峰，有 28% 的尿素转化为铵态氮素。尿素转化过程中，常会造成局部 NH_4^+ 浓度过高而影响作物根系发育，所以要控制用量。

尿素可作基肥或追肥，不提倡作种肥。因为尿素含氮量高，且有一定的吸湿性，故能影响种子的萌发。如必须作种肥时，则应有土隔开，相距在 2.5 厘米以上。尿素对小粒种子的毒害最为明显。施用时应严格控制用量，最好配合有机肥料一起施用。尿素作基肥或追肥均应注意及时覆土，在旱地上应深施，使肥料处于湿土中，既有利于尿素转化，也有利于保存氮素。若施于水稻田，应考虑尿素转化前在土壤中流动性大的特点，施入土壤后不要急于灌水，需隔 3～5 天再灌溉。

（4）氮肥的合理施用

①氮肥利用率：氮肥利用率是指当季作物从所施氮肥中吸收氮素的百分数。

一般来讲，在正常的栽培管理条件下，肥料中有效成分损失越少，肥料利用率就越高，肥料的增产效益就越大。我国目前氮肥利用率，因受各种因素的影响，数值有明显差异。在田间条件下，水田氮素利用率平均为 35% ~ 60%，旱地大约是 40% ~ 75%，平均在 50% 左右。据上海市农业科技部门统计，几种主要氮肥品种的氮素利用率是：碳酸氢铵为 25% ~ 30%，尿素 30% ~ 35%，硫酸铵为 35% ~ 40%。一般农业生产中氮肥利用率不足 50%。由此可见，提高氮肥利用率还有很大的潜力。特别是硝酸铵、碳酸氢铵等品种的利用率还很低。这说明氮肥的施用存在着许多不合理的现象。

②农田氮肥损失的途径和提高利用率的措施：氮肥损失的主要途径是铵态氮肥中氨的挥发（也包括尿素转化后其中氨的挥发）；硝态氮肥和分子态尿素的直接淋失以及反硝化作用所引起的气态损失。要提高氮肥的利用率就应设法防止这三方面的损失。其主要措施有：深施覆土、减少淋失、防止反硝化作用。

③氮肥的施用技术

a. 作物特性。各种作物对氮素的要求不同，如水稻、小麦、玉米等粮食作物对氮素需要量较多；蔬菜，尤其是叶菜类（以茎叶为收获对象的）需要氮素更多。此外，青贮玉米和牧草也需要施用较多的氮肥，以提高饲料中蛋白质的含量。而豆科作物一生中虽需氮较多，但大部分氮是靠根瘤菌固定空气中的氮素而获得的，所以一般不需要施用过多的氮肥，往往只需在生长初期施用少量氮肥，以促进其根瘤的形成。如施用过多氮肥反而会影响根瘤的形成及固氮效率。

不同作物对不同形态的氮肥反应不一。例如水稻喜欢铵态氮，马铃薯也喜欢铵态氮肥。而甜菜则对硝酸态氮肥反应好，尤其以硝酸钠肥肥效最好。大多数谷类作物对氮肥的形态无特殊选择，铵态或硝酸态氮均有良好的肥效。

在某些氮肥中，含有副成分，而所含副成分往往对作物产生种种影响。例如，马铃薯对硫、甜菜对钠有良好的反应；而另有一些作物对氯离子却很敏感，会影响产量和品质。

b. 土壤条件。氮肥施入土壤，既受土壤性质的影响，同时也会影响土壤性质。因此，应根据土壤性质来选择氮肥的品种。其原则是：碱性土壤应选用生理酸性肥料，如硫酸铵、氯化铵等；而酸性土壤应选用碱性或生理碱性肥料，如硝酸钠、硝酸钙。在盐碱地上，不宜施用氯化铵和硝酸钠，以避免因氯离子和钠离子过多造成危害。

土壤的质地不同，施肥量也应有所不同。土壤质地轻的砂性土壤，每次施用量不宜太多，应少量多次，对土壤质地黏重的土壤，可适当增加施肥量。

此外，在石灰性和碱性土壤上施用铵态氮肥和尿素时必须深施并立即覆土。酸性土壤施用生理酸性肥料时，一定要配合施用有机肥料和石灰，以增加缓冲能力和土壤酸性。对长期淹水的水稻田，则不宜施用硝酸态氮肥。硫酸铵不宜在水田中长期施用，因在还原条件下，易产生硫化氢或硫化亚铁，而它们对稻根有伤害作用。

c. 各种养分的配合。为了发挥氮肥的肥效，应注意配合施用磷、钾肥。在缺磷的土壤上，植物吸收氮素会受到阻碍，体内氮素的代谢作用也不能正常进行。只有氮、磷配合施用才能获得明显的增产效果。同样，在缺钾的土壤上，氮、钾配合施用也有较好的增产效果。此外，还要重视有机肥料的施用，改善土壤性质，以保证充分发挥氮肥的肥效。

此外，氮肥的合理施用应兼顾提高作物产量和改进产品品质两方面的效果。如禾本科作物后期少量追施氮肥可明显增加千粒重和籽粒中的粗蛋白的含量。生产实践证明，合理施用氮肥是最能影响作物产量和品质的技术措施，但施用不当，不良影响也十分明显。

2. 磷肥

（1）磷肥在农业生产中的作用　作物体内许多重要的有机化合物都含有磷。有些化合物虽不含有磷，但在它们的形成或代谢过程中也都必需有磷参与，如碳水化合物的代谢就是一个典型的例子。磷是核酸、核蛋白、磷脂、植素和 ATP 的组成成分。还有一些酶中也含有磷。磷积极参与作物体内的代谢过程。充足的磷营养有利于作物相对提前成熟，而获得良好的经济效益。如蔬菜、瓜果等产品提前上市能获得明显的经济效益。磷能促进蛋白质的合成和脂肪的代谢，这对提高作物品质有明显的作用，并能保持作物的优良特性。磷能提高作物的抗逆性（如抗旱、抗寒）及缓和外界环境中酸碱变化的能力，对蔬菜获得高产有积极贡献。植物缺磷常表现出生长停滞，植株矮小，结实少或不结实。蔬菜缺磷，则分蘖少，抽穗迟缓，抽穗后期表现为穗小、粒少、籽瘪，而产量明显下降。双子叶的油菜表现为分枝少，果荚小且易脱落、落蕾。因此，缺磷也明显影响产量和品质。

（2）磷肥的分类及各类磷肥的特性

各种方法制出的磷肥，其性质各有特点。产品的差别主要反映在肥料中所含磷酸盐的形态和性质上。一般可按磷酸盐的溶解性质，把磷肥区分为 3 种类型。

①水溶性磷肥：水溶性磷肥能溶于水，易被植物吸收。它所含成分为磷酸二氢盐，最常见的是钙盐，即磷酸一钙，化学分子式为 $Ca(H_2PO_4)_2$。水溶性磷肥作物可直接吸收利用，肥效很快。但它在土壤中很不稳定，易受各种因素影响而转化为弱酸溶性磷酸盐，甚至转变为难溶性磷酸盐，肥效明显降低。水溶性磷肥包括普通过磷酸钙、重过磷酸钙、磷酸二氢钾、磷酸铵等。

②弱酸溶性磷肥：这类磷肥均不溶于水，但能被植物根所分泌的弱酸逐步溶解。土壤中其他的弱酸也能使其溶解，供植物利用。因此，它们虽然不能移动，但对植物也是有效的。弱酸溶性磷肥的主要成分是磷酸氢钙，也称磷酸二钙，其化学分子式为 $CaHPO_4$。此外，$\alpha - Ca_3(PO_4)_2$ 在性质上也属于弱酸溶性磷肥一类。弱酸溶性磷肥包括沉淀磷肥、钙镁磷肥、脱氟磷肥、钢渣磷肥等。

③难溶性磷肥：这类磷肥不溶于水，也不溶于弱酸，而只能溶于强酸，所以也称为酸溶性磷肥。大多数作物不能吸收利用这类磷肥，只有少数吸磷能力强的作物（如荞麦）和绿肥作物（如油菜、苕子、紫云英、田菁和豌豆等）能吸收利用。难溶性磷肥在土壤中也受环境条件的影响而发生变化。在酸性土壤上施用难溶性磷肥，可缓慢地转化为弱酸溶性的磷酸盐，因此它的后效较长，而当季的肥效很差。

（3）常用磷肥品种的成分和性质

①水溶液磷肥：

a. 过磷酸钙。为了与重过磷酸钙有区别通常被称为普通过磷酸钙（简称普钙），过磷酸钙呈灰白色粉状或粒状。其有效磷（P_2O_5）含量为14%～18%，中小型磷肥厂生产的过磷酸钙产品P_2O_5的含量一般不得少于12%。在过磷酸钙中常含有40%～50%的硫酸钙（即石膏）和2%～4%的各种硫酸盐，还有3.5%～5%的游离酸。因有游离酸的存在，故肥料呈酸性反应，对包装材料有腐蚀性。在贮存过程中由于游离酸的存在还会使肥料易吸水结块，尤其严重的是过磷酸钙吸湿后会引起肥料中的一些成分发生化学变化，导致水溶性的磷酸一钙转变为难溶性的磷酸铁、磷酸铝，而降低过磷酸钙有效成分的含量，在贮运过程中应防潮，贮存时间也不宜过长。过磷酸钙施入土壤后，其主要成分磷酸一钙与土壤中的某些成分会发生反应而被固定，这就是磷肥当季利用率（一般只有10%～25%）不高的原因。

从过磷酸钙在土壤中的转化可以看出，磷酸一钙易被土壤固定，在土壤中移动性小。因此，合理施用过磷酸钙的关键是既要减少肥料与土壤的接触，避免水溶性磷酸盐被固定；又要尽量将磷肥施于根系密集的土层中，增加肥料与根系的接触，以利植物吸收。为了提高肥效，一般应采取以下措施：

（a）集中施用。过磷酸钙无论是作基肥、种肥或是追肥均以集中施用的效果为好。其原因是集中施用减少了肥料和土壤接触面，从而避免和减少固定；集中施用还可提高局部领域土壤中磷酸盐的浓度，促进根系吸收量。

磷肥作种肥能改善作物苗期的磷营养，这又是一种既经济又有效的磷肥施用方法。过磷酸钙作种肥，可以单施，也可以与优质粪肥混合后施用。优质的过磷酸钙可直接拌种，但应随拌随播，不可拌后长期放置，以免影响种子的出苗率。采用土法制造的过磷酸钙作种肥时，应注意检查其中游离酸的含量，如果酸度太高，应事先加 1% ~ 2% 的草木灰与之混合，以消除磷肥中游离酸的不良影响。此外，还应注意检查磷肥中是否含有某些有害元素或化合物，如汞、苯、三氯乙醛等，这些杂质是由于少数磷肥厂利用不同来源的废酸处理磷矿粉所造成的。凡是含有这类有害物质的过磷酸钙均不宜作种肥。有害物质含量过高时，也不能作基肥、追肥，否则会危害作物并造成土壤污染。

过磷酸钙在土壤中的移动性小，因此一般不提倡作追肥。但是，对于一些缺磷严重的土壤，确实需要追肥时应及早施用，并注意施肥深度和位置，以利根系吸收。在砂质缺磷土壤中，早期追施过磷酸钙也有较好的效果。

（b）与有机肥料混合施用。混合施用可以减少肥料与土壤的接触，因此也能减少水溶性磷酸盐的固定。同时，有机肥料分解所产生的多种有机酸对水溶性磷酸盐具有保护作用。有机肥还能为土壤微生物提供能源，促进其繁殖，而微生物的大量繁殖既能把无机态磷转变为有机态磷暂时保护起来，又可释放出大量二氧化碳以促进难溶性磷酸盐的逐步转化。有试验表明，在石灰性土壤上施用厩肥后，土壤溶液中有效磷的浓度明显提高。

（c）制成颗粒磷肥。制成颗粒磷肥也能减少磷肥与土壤的接触面，与集中施用有相同的意义。颗粒磷肥的粒径不宜过大，一般以 3 ~ 5 毫米为宜。颗粒过大会使颗粒分布点减少，就会减少肥料与根系的接触。这就失去了颗粒磷肥提高肥效的意义。颗粒磷肥的肥效常取决于土壤固磷能力的大小。土壤固磷能力强的，颗粒磷肥的效果明显。制成颗粒还便于机械化施肥。

（d）分层施用。为了协调磷在土壤中移动性小与作物不同生育期根系发育及其分布状况的矛盾，在集中施用适当深施的原则下，可采取分层施用的方法。最好将磷肥施用量的 2/3 在耕翻时犁入根系密集的深层土中，以满足作物中、后期对磷的大量需要；其余 1/3 在播种时作种肥施于浅土层里，以供应作物苗期需要。分层施用还可避免种肥用量过多而出现烧种、烧苗的现象，尤其是含游离酸较多的过磷酸钙。这样还能较好地解决后期施用磷肥的困难。

b. 重过磷酸钙。重过磷酸钙是高效磷肥品种。含磷量（P_2O_5）可高达 36% ~52%。

重过磷酸钙的性质比普通过磷酸钙稳定，易溶于水，水溶液呈弱酸性反应，吸湿性较强容易结块。工厂生产通常把它制成颗粒，以改善其物理性质，也便于贮存和施用。重过磷酸钙基本上不含铁、铝等杂质，吸湿后不致发生磷酸盐退化现象。

重过磷酸钙中不含硫酸钙，对喜硫作物（如油菜）、豆科作物其肥效不如等磷量的普通过磷酸钙。在缺硫土壤上其效果也不如普通过磷酸钙。重过磷酸钙的用量应比普钙减少一半或一半以上。

②弱酸溶性磷肥：

钙镁磷肥：为黑绿色粉末，它是弱酸溶性磷肥的典型代表，不溶于水但能溶于弱酸（2% 的柠檬酸或 2% 的中性柠檬酸铵），不吸湿，不结块，物理性质好。含 P_2O_5 14% ~ 19%，肥料中还含有约 30% 的氧化钙和 15% 的氧化镁，所以是碱性肥料。

钙镁磷肥施入土壤后，在作物根系分泌的酸或土壤中的酸性物质作用下，逐步溶解释放出水溶性的磷酸一钙。在石灰性土壤上，钙镁磷肥的肥效不如等磷量的过磷酸钙，但后效较长。

③难溶性磷肥：

a. 磷矿粉。磷矿粉是难溶性磷肥，它是由磷矿石磨碎而成的。磷矿粉直接作肥料时，通常肥效较差，因其主要成分是难溶性的。实践证明，提高磷矿粉肥效与下列因素有关。

（a）作物种类。各种作物吸收难溶性磷酸盐的能力有很大差异，因而施用磷矿粉后其肥效不同。

（b）土壤条件。磷矿粉的溶解直接受土壤酸度的影响。土壤酸度越强，溶解磷矿粉的能力越大，肥效也就越高。因此，磷矿粉适宜施于酸性土壤中。

（c）磷矿粉的细度和用量。磷矿粉颗粒的大小也是影响肥效的重要因素。粒径越小，颗粒愈细，比表面就越大，磷矿粉与土壤以及作物根系的接触机会就越多，这有利于提高其肥效。从节省能源的角度来考虑，磷矿粉的细度以90%的颗粒通过100号筛孔（即粒径为0.149毫米）为宜。

（d）与其他肥料的配合。磷矿粉与酸性肥料（如过磷酸钙）或生理酸性肥料（如硫酸铵、氯化钾等）混合施用可提高其肥效。因为酸性物质可增加磷矿粉中难溶性磷酸盐的溶解度。磷矿粉与有机肥料共同堆腐，施于酸性土壤有稳定的增产效果。

b. 骨粉。骨粉是我国农村应用较早的磷肥品种。它是由动物骨骼加工制成的。其成分比较复杂，除含有磷酸三钙外，还含有骨胶、脂肪等。由于含有较多的脂肪，常较难粉碎，在土壤中也不易分解，因此肥效缓慢。往往需经脱脂处理才能提高肥效。根据不同的加工方法可获得不同的产品。

骨粉不溶于水，肥效缓慢，宜作基肥。它最适宜施于酸性土壤，在石灰性土壤中肥效很不明显。骨粉的肥效一般高于磷矿粉，因为它含有少量的氮素，施用骨粉的第一年往往是氮素的效果。未经处理的骨粉施于水田有漂浮问题。因此，施前应进行处理，可加少量碱性物质（石灰、草木灰）进行皂化。未经处理的骨粉施于旱地也会因含脂肪而招来地下害虫，所以一般需经脱脂、发酵后施用。

骨粉和磷矿粉虽然都是难溶性磷肥，但性质上不完全相同。骨粉的主要成分是磷酸三钙，比磷矿粉容易被酸溶解，骨粉中含有氮素，质地疏松，因此肥效比磷矿粉明显。

（a）粗制骨粉。把骨头稍稍打碎，放在水中煮沸，随煮随除去漂浮出的油脂，直至除去大部分油脂，取出晒干，磨成粉末。此种骨粉中 P_2O_5 含量为20%左右，并含有3%~5%氮素。

（b）蒸制骨粉。将骨头置于蒸汽锅中蒸煮，除去大部分脂肪和部分骨胶，干燥后粉碎。蒸制骨粉中含 P_2O_5 25%~30%，含氮素2%~3%。其肥效高于粗制骨粉。

（c）脱胶骨粉。在更高的温度和压力下，以除去全部脂肪和大部分骨胶，干燥后粉碎。此种骨粉含 P_2O_5 可达30%以上，含氮素在0.5%~1%之间。肥效较高。

（4）提高磷肥有效性的途径　我国化肥试验网资料表明，在各种作物对磷的利用率平均为20%左右。磷肥利用率很低的原因主要是水溶性磷酸盐在土壤中易发生固定，并难于移动。

提高磷肥的肥效与以下因素有关。

①土壤条件：土壤条件是分配和选择磷肥品种的重要依据。如土壤供磷水平、土壤中氮磷比例、有机质的含量、土壤的熟化程度、pH 值等都与磷肥的效果有密切关系。

土壤有效磷的数量是标志土壤中磷供应水平的重要指标。在有效磷含量低的土壤上，施用磷肥对绝大多数作物均有明显的增产作用。因此，磷肥应重点施在有效磷含量低的土壤上。土壤有效磷含量愈低，磷肥的肥效愈好；反之，有效磷含量高的土壤，施用磷肥的效果较差。

大量试验表明，施氮肥多于磷肥时，必然致使土壤中含氮量高于磷（即 N/P_2O_5 比值大）。在这种情况下，施磷肥可获得明显的增产效果，N/P_2O_5 比值小的土壤，施磷肥的增产效果比较小，若在氮、磷养分比较多的土壤中施磷，其效果一般不稳定；

而氮、磷养分供应均不足的土壤，则应首先需要提高施氮水平，施氮后才能发挥磷肥的肥效。

土壤有机质的含量与土壤中有效磷的含量有明显的相关性。这是因为有机质中含有机态磷。有机含磷化合物，在微生物的作用下，可逐步释放出有效磷。因此，磷肥首先应分配在有机质含量低的土壤上。

熟化程度高的土壤往往有机质含量较高，施磷肥增产效果不如熟化程度低的土壤。例如，新开垦的地块，新平整的生土地以及施有机肥料较少的边远低产田都是应优先分配磷肥的对象。对瘠薄的地块，也应该重视施用磷肥。

②作物特性：由于作物对磷的利用能力不同，因此施磷效果也有明显差异。一般来说，豆科作物（包括绿肥作物）、糖用作物（甘蔗、甜菜）、淀粉含量高的薯类作物（甘薯、马铃薯）、棉花、油菜以及瓜果类、茶、桑等都需要较多的磷，施用磷肥有较好的肥效，既能提高产量，又能改善品质；谷类作物对磷的需要量并不很高，其敏感程度也较差。但是必须指出，对吸磷能力弱的谷类作物更应注意磷的供应，磷营养不足常常是这类作物产量不高的主要原因。由于吸磷能力弱，应施用水溶性磷肥，如过磷酸钙或重过磷酸钙等。

③磷肥品种的选择：磷肥的品种很多，有水溶性的，有不溶于水而溶于弱酸的，也有只溶于强酸的；从肥料的酸碱反应看，有呈酸性的，也有呈碱性的；肥料中磷的含量也相差较大。在选择磷肥品种时，必须考虑作物的需要、土壤条件以及各种磷肥的性质等多方面的因素。

普通过磷酸钙和重过磷酸钙是水溶性磷肥，肥效迅速，适用于大多数作物和各类土壤，可以作基肥和种肥，必要时也可作追肥。

钙镁磷肥及其他许多弱酸溶性磷肥都适宜作基肥，它们在酸性土壤上肥效比过磷酸钙好。因此，这类肥料应尽量分配在酸性土壤上施用。

磷矿粉和骨粉属于难溶性磷肥，最适宜施在酸度强的酸性土壤上，其肥效持久。在中性或石灰性土壤上施用效果很差，一般不宜选用。

在选择磷肥品种时还应注意到各种作物吸磷能力上的差异。对吸磷能力差的作物，如小麦、水稻等，宜施用水溶性磷肥；对吸磷能力强的豆科作物等则可选用弱酸溶性或难溶性磷肥。同一种作物，在其不同生育期中，吸磷能力也有差异。幼苗期根系弱小，一般宜选用水溶性磷肥作种肥。选用弱酸溶性磷肥，甚至难溶性磷肥作基肥施入根系密集的土层中，便于作物生长旺盛时期，根系吸磷能力有所增强，即可利用相当数量的弱酸溶性磷肥。

④氮、磷肥料配合施用：氮、磷肥料配合施用是提高磷肥肥效的重要措施之一。特别是在中、低等肥力水平的土壤上，配合施用的增产幅度十分明显。

在瘠薄的地块上，不仅应氮肥、磷肥配合施用，还应多施有机肥料。进一步来说，在氮、磷配合的同时，还应注意配合钾肥及其他微量元素肥料。

（5）合理施用磷肥中应注意的两个问题

①深施与浅施：根据磷肥易被土壤固定，在土壤中移动性小的特点，原则上讲磷肥应适当深施。

但是，生产上曾有浅施获得良好效果的例子，似乎"磷肥应该浅施"。对于极度缺磷的土壤，为了保证苗期作物能正常生长和根系发育，浅施可能有良好的作用。磷肥施用深度应根据土壤供磷水平来考虑。此外，作物吸收磷酸盐的多少在很大程度上取决于作物根系生长状况和根的形态。了解各种作物早期根系生长的习性对确定理想的施磷部位是有益的。对于侧根发达的作物，施肥位置可适当浅些，对于主根发达的作物应适当深施。

②集中施用与分散施用：在固磷能力强的土壤上，为了减少

水溶性磷肥被土壤固定，以增加磷肥与根系的接触，促进根系对磷的吸收，因此提倡磷肥集中施用于根系附近是正确的。但是，在磷肥用量较多，土壤有效磷水平较高或土壤固磷能力较弱的条件下，磷肥则不宜过分集中施用。过分集中既有可能因浓度过高而伤根，同时也不利于根系普遍获得磷营养。

总之，有效施用磷肥是一个复杂的问题，既要遵循一些基本原则，又要根据具体情况，给予适当的灵活性。

3. 钾肥

（1）钾肥在农业生产中的作用　30多年前，人们对钾在植物营养中的作用不十分清楚，因而对施用钾肥也不够重视。然而到了20世纪90年代，在各种条件发生了巨大变化的情况下，钾在农业生产中所起的作用越来越显得重要了。尤其是钾在增强作物抗逆性和改善农产品品质方面有突出的作用，日益引起人们的重视，甚至称钾为抗逆元素和品质元素。由于生产的发展，在人民生活水平由温饱型逐步向小康型过渡的情况下，对品质的要求越来越高，商品生产比重越来越大，没有品质就不能构成商品。因此，施用钾肥就更为必要了。

与氮、磷相比，钾在植物体内含量高，易流动，再分配的能力强。钾能调节叶片气孔的运动促使作物经济用水。钾不仅能促进植物进行光合作用，提高 CO_2 的同化率，而且对光合作用产物的运输有促进作用。K^+ 对许多种酶有活化作用，通过对酶的活化作用，使一系列代谢作用能顺利进行。如促进蛋白质的合成就是一个例子。此外，钾还能增强作物多方面的抗逆性，如抗旱、抗寒、抗病、抗倒伏等等。

土壤供钾不足和许多因素有关。例如，氮、磷化肥大幅度增加、高产良种的引进、复种指数和单位面积产量的提高以及有机肥料用量明显减少等，都能导致土壤中钾量迅速减少和土壤有效钾供应不足。我国大约有三亿五千万亩缺钾的土壤，大多数在长江以南地区。

（2）钾肥的性质和施用

①氯化钾：氯化钾是无色晶体，分子式为 KCl，含氧化钾（K_2O）50%～60%，含 Cl 47.6%，还含有少量的钠、钙、镁、溴和硫等元素。氯化钾的吸湿性不大，易溶于水，是速效性钾肥。氯化钾是生理酸性肥料。施入土壤后，钾以离子形态存在。钾离子既能被作物吸收利用，也能与土壤胶粒上的阳离子进行交换。钾被交换后成为交换性钾而明显降低了移动性。所生成的氯化钙易溶于水，在灌溉时能随水淋洗至下层，因此对作物生长没有危害。在酸性土壤中反应所生成的酸能增强土壤酸性，有可能加强活性铁、铝的毒害作用。因此，在酸性土壤上施用氯化钾应配合施用有机肥料和石灰，以便降低酸性。

氯化钾中含有氯离子，对氯敏感作物以及盐碱地不宜施用。如必须施用时，应及早施入，以便利用灌溉水或雨水将氯离子淋洗至下层。氯化钾可作基肥和追肥，但不能作种肥。

由于钾在土壤中移动性小，一般均作基肥用，但在缺钾的砂质土壤上，追施钾肥可有明显的增产效果。

②硫酸钾：硫酸钾为无色晶体，分子式为 K_2SO_4，含 K_2O 48%～52%，易溶于水，也是速效性钾肥。吸湿性较小，贮存时不易结块。它和氯化钾一样，均属于生理酸性肥料。硫酸钾施入土壤后的变化与氯化钾相似，只是生成物不同。在中性和石灰性土壤上生成硫酸钙，而在酸性土壤上则生成硫酸。生成的硫酸钙（石膏）溶解度小，易存留在土壤中。如果长期大量施用硫酸钾，要注意防止土壤板结，应增施有机肥料以改善土壤结构。酸性土壤上应增加石灰以降低酸性。

硫酸钾作基肥、种肥均可，一般不提倡作追肥。由于钾在土壤中的移动性较小，一般以基肥最为适宜，并应注意施肥深度。如施于表层会因土壤干湿交替而发生钾的固定作用。宜集中条施或穴施，使肥料分布在作物根系密集的湿润土层中。这样既可减少钾的固定，也有利于根系的吸收。如作追肥时，也应设法施于根系密集的土层中，且应强调及早追施。

硫酸钾的价格比氯化钾昂贵，因此一般情况下，应尽量选用氯化钾，以减少施肥的投资，增加经济效益。但对于忌氯作物则应选用硫酸钾。例如，一些蔬菜如矮生菜豆、蚕豆、洋葱、黄瓜、甘蓝和萝卜等需要大量的硫，且对氯敏感（仅敏感程度不同），施用硫酸钾有利于产品的贮存，尤其是对含硫较多的洋葱、韭菜，既能提高其产量，又能改进品质（增加香味）；马铃薯施用硫酸钾后，可提高干物质和淀粉含量，并能增添风味。

总之，在缺硫和含硫量低的土壤、需硫较多的作物以及对氯敏感的作物等，均应选用硫酸钾。

③草木灰：残体燃烧后所剩余的灰分统称为草木灰。长期以来，我国广大农村普遍以稻草、麦秸、玉米秸、棉柴、树枝、落叶等为燃料。所以草木灰是农村中一项重要的钾肥肥源。严格来讲，草木灰应属于农家肥料。

草木灰的成分十分复杂。它含有植物体内各种灰分元素，如磷、钾、钙、镁以及各种微量元素养分，其中钾和钙数量较多。草木灰中还含有弱酸溶性的磷，能被作物吸收利用。由此可见，草木灰虽是一种农家钾肥，事实上，却有多种元素的营养作用。

草木灰中含有各种钾盐，其中以碳酸钾为主，其次是硫酸钾，氯化钾含量较少。草木灰中的钾90%都能溶于水，是速效性钾肥。由于以碳酸钾为主，所以是碱性肥料。它同样也不能与铵态氮肥混合施用，也不应与人粪尿、圈肥等有机肥料混合，以免引起氮素的挥发损失。

草木灰可作基肥、种肥或追肥，其水溶液也可用于根外追肥。

草木灰通常以集中施用为宜，采用条施或穴施均可。施用深度约10厘米，施后立即覆土，草木灰质地轻，施用时很不方便，因此可在施用前与2~3倍湿土拌和，或喷撒少量水分使其湿润，然后再施用。草木灰应优先施在忌氯喜钾的作物（如马铃薯、甘薯）上。

我国西北和内蒙古的某些内陆盐碱土和沿海的滨海盐碱上生长的植物中含大量钠和氯，由这些耐盐植物所得到的草木灰不能用作肥料，以免大量的盐分又进入土壤。

（3）影响钾肥肥效的因素及合理施用钾肥的原则

①影响钾肥肥效的因素：

a. 土壤含水量。土壤溶液中 K^+ 的浓度是钾有效性的重要指标。土壤有效钾的数量常随土壤含水量的增加而有所提高，而且 K^+ 在土壤中向作物根系的移动状况也受土壤含水量的影响。土壤含水量增加，移动速率加快。因此，施用钾肥后及时适量地灌溉，可为作物提供更多的钾营养。

利用含 20% 黏粒的黑钙土进行试验，试验的结果表明，当土壤含水量从 40% 下降到 30% 时，钾的有效性减少 15% ~ 45%；如土壤含水量降到 22% 时，钾的有效性即减少 40% ~ 70%。这是由于土壤含水量减少时，导致土壤中钾的扩散速率下降所造成的。

在正常土壤含水量的条件下，施用钾肥能明显增加作物的吸钾量，而在土壤含水量低的时候，只有在钾肥施用量很高的情况下才能显著提高作物的吸钾量。这就表明，在干旱的农田里，为了作物的正常生长和高产需要，应适当增加钾肥的用量。

b. 土壤黏粒含量。土壤黏粒含量是决定土壤溶液中钾浓度的重要因素。黏粒含量高的土壤，施钾肥后一般有相当一部分要被黏粒吸附（或固定），因此为了达到提高土壤溶液中同样的钾浓度，对黏质土壤需要比轻质土壤施入较多的钾肥。在决定钾肥用量时，必须把土壤黏粒含量，也就是土壤质地这一因素考虑进去。

c. 作物种类。各种作物对钾的需要量不同，例如，马铃薯、甘薯、甜菜、瓜果类以及豆科蔬菜作物等需钾较多，因此，钾肥应优先施在需钾多、吸钾能力弱的作物上。

d. 钾肥施用方法。条施钾肥通常比撒施效果好，特别是在土壤固钾能力较强的情况下，条施的效果更为显著。有资料表明，在固定钾能力强的土壤上，条施钾肥的效果比撒施能提高4倍。对于固钾能力强的土壤，为了减少肥料钾被固定，钾肥不宜施得过早，一般可在播种前施用。

在没有灌溉条件的干旱地区，干燥的表层土壤中钾肥的有效性较低，此时应考虑钾肥与种子一起施用或施在种子附近，其效果比撒施好。

钾肥分次施用也是提高钾肥肥效的一个重要措施。它可以起到防止钾肥被固定或流失的作用。分次施用比仅一次作基肥施用其增产效果显著。

e. 与含其他肥料配合施用。钾与许多养分之间都有交互作用（也称为连应效果），而其中以钾与氮的连应效果最为突出。目前已经知道，在作物的生理代谢过程中氮和钾有许多"互补"作用。许多科学家认为，不能把钾只作为一个单一的营养物质来进行研究，而应将钾和其他养分联系在一起，研究钾以及它们的交互作用效果。例如，钾可提高氮的代谢作用，促进蛋白质的合成，增加作物对氮素的利用。由于氮素促进了作物的生长，反过来又可增强作物对钾的吸收和利用。氮、钾配合施用，不仅能提高产量，而且对产品品质也有明显的改善作用。

②合理施用钾肥的原则：我国北方大部分土壤有效钾含量比较丰富，在目前产量水平下钾肥肥效不及氮、磷肥明显。但是，随着作物单产和复种指数的提高以及氮、磷化肥用量的迅速增加，目前在一些需钾较多的作物上已有缺钾的迹象。目前我国钾肥供应量有限，不可能完全满足生产的需要，只能首先按照需求程度来分配，合理施用钾肥的一般原则有以下几个。

a. 施于喜钾作物。豆科作物对钾最敏感，施钾肥增产显著。含碳水化合物多的薯类作物以及蔬菜等需钾量也较多。因此，有限的钾肥应优先施于喜钾作物。钾肥对喜钾作物不仅能明显提高产量，而且还能改善产品品质。

b. 施于缺钾的土壤。土壤质地粗的砂性土大多是缺钾土壤，施钾肥后效果十分明显。因此，有限的钾肥应优先施用于质地轻的土壤上，以争取较高的经济效益。砂性土施钾时应控制用量，采取"少量多次"的办法，以免钾的流失。

c. 施于高产田。一般来讲，低产田产量水平不高，需钾不迫切。当作物产量逐年提高后，作物每次收获都要带走大量的养分（也包括钾）。然而值得注意的是，我国大多数农民施氮、磷肥的意识很强，却很少注意补充钾肥，因此许多高产田上出现供钾不足的现象。这在一定程度上成为作物高产的限制因素。因此钾肥应重点施于高产田，以充分发挥其平衡施肥的增产作用。常年大量施用有机肥料或秸秆还田数量较多的高产田，钾肥可酌情减少或者隔年施用。

d. 根据钾肥的特性合理施用。钾肥在土壤中移动性小，宜作基肥施于根系密集的土层中。对砂质土壤，可一半作基肥，一半作追肥。作追肥应在作物生长前期及早施用，后期追施的效果较差。

有资料表明，钾肥的肥效在气候条件不好的年份比正常年景效果好。如遇作物生长条件恶劣、病虫害严重时，及时补施钾肥可以增强作物的抗逆性，能争取获得较好的收成。

钾肥有一定的后效，在连年施用钾肥或前茬施钾较多的条件下，钾肥的肥效常有下降的趋势。因此，合理施用钾肥也应注意到这一点。

（4）缓解钾肥供应不足的途径

①大力提倡秸秆还田，加强钾在农业体系中的自身循环：大部分作物的秸秆或地上部分比籽粒或块茎、块根含有更多的钾。把它们以秸秆还田的方式归还给土壤，对维持和改善土壤钾的状况以及加强钾在农业体系中的自身再循环有明显的作用。

②积极寻求生物性钾肥资源：土壤中钾的总量是比较丰富

的，但90%～98%是一般作物难以吸收的形态。采用种植绿肥或某些吸钾能力强的作物，使难溶性钾转变为有效钾是十分有意义的。

③合理轮作换茬，缓和土壤供钾不足的矛盾：各种作物需钾量不同，吸钾能力也有差异。因此可以利用轮作换茬的方式调节土壤的供钾状况。

④重视有机肥料和草木灰的施用：施用有机肥料和草木灰，在我国是传统性的补钾措施。但在化肥迅速发展以后，它们在施肥中所占的比重明显下降。我国多年来作物需钾量的90%以上是靠有机肥料提供的。有机肥料和灰肥对解决钾肥资源不足将继续有重要作用。应该说，施用有机肥料其意义远不仅是补充钾的来源。

（二）中量元素肥料

中量元素肥料主要是指钙、镁、硫肥，这些元素在土壤中贮存较多，一般情况下可满足作物的需求，但随着氮磷钾高浓度而不含中量元素化肥的大量施用，以及有机肥料施用量的减少，在一些土壤上表现出作物缺乏中量元素的现象，因此要有针对性地施用和补充中量元素的肥料。

1. 钙肥

（1）生石灰 又称烧石灰，主要成分为氧化钙，通常用石灰石烧制而成，含 CaO 90%～96%。用白云石烧制的，称镁石灰，除含 CaO 55%～85%外，尚有 MgO 10%～40%，兼有镁肥的效果。贝壳类含有大量碳酸钙，也是制石灰的原料，沿海地区所称的壳灰，就是用贝壳类烧制而成的。其 CaO 含量螺壳灰为85%～95%，蚌壳灰为47%左右。生石灰中和土壤酸性的能力很强，可以迅速矫正土壤酸度。此外，它还有杀虫、灭草和土壤消毒的功效。

（2）**熟石灰** 又称消石灰，主要成分是氢氧化钙。由生石灰吸湿或加水处理而成，此时会放出大量热能。熟石灰降低土壤酸度的能力也很强。其含量因原料种类而异，可按生石灰中 CaO 含量推算。

（3）**碳酸石灰** 由石灰石、白云石或贝壳类磨细而成。主要成分是碳酸钙。其溶解度小，降低土壤酸度的能力较缓和而持久。

（4）**其他含钙肥料** 除上述石灰肥料外，硝酸钙、氯化钙可溶于水，多用作根外追肥施用，它们和硫酸钙（石膏）、磷酸氢钙等还常用作营养液的钙源。此外，多种磷肥（如过磷酸钙、磷矿粉、沉淀磷酸钙、钙镁磷肥、钢渣磷肥等）、草木灰、窑灰钾肥以及某些制革、制糖、造纸、印染等工业废渣，也可以作钙肥使用。

2. 镁肥

（1）**硫酸镁** 是一种中性盐，不能用它来中和土壤酸性，适用于 pH 值大于 6 的土壤。多用来配制混合肥料，或配入液体肥料叶面喷施。

（2）**白云石** 为碳酸镁和碳酸钙组成的复盐，含氧化镁 21.7%，氧化钙 30.4%。多用来中和土壤酸性，改良土壤。常用来配制混合肥料。

（3）**磷酸镁铵** 为长效复合肥料，除含镁外，还含氮 8%，磷 40%，微溶于水，所含养分全部有效。宜与其他肥料一起配合施用，可作基肥、追肥和叶面肥。

3. 硫肥

（1）含硫肥料的种类和性质

石膏：是最重要的硫肥，也可作为碱土的化学改良剂。农用石膏有生石膏、熟石膏和含磷石膏等三种。

生石膏就是普通石膏，其化学式为 $CaSO_4 \cdot 2H_2O$，微溶于水。使用时应先磨细，通过 60 目筛孔，以提高其溶解度。石膏粉末愈细，改土效果愈快，作物也较容易吸收利用。

熟石膏也称雪花石膏，由普通石膏加热脱水而成，其化学式为 $CaSO_4 \cdot 1/2H_2O$。熟石膏容易磨细，颜色纯白，但吸湿性强。吸水后变为普通石膏，形成块状，所以应存放在干燥处。

含磷石膏是硫酸法制磷酸的残渣，或是生产磷铵类复合肥料的副产品。含 $CaSO_4 \cdot 2H_2O$ 约 64%，含磷较少，其 P_2O_5 含量 0.7% ~ 4.6%，平均为 2% 左右。

其他含硫肥料：硫酸铵、过磷酸钙、硫酸钾等化学肥料，都含有硫酸盐。如用于缺硫土壤，还可以补偿硫的消耗，提高施肥的经济效益。多数硫酸盐肥料为水溶性，但硫酸钙微溶于水。硫磺难溶于水，要求磨得细碎，施入土壤后，等量微生物分解，逐步氧化为硫酸盐后，才能被作物吸收。

(2) 如何合理施用硫肥　我国当前施用的含硫化肥主要是过磷酸钙、硫酸铵等。许多复混肥也含有不同比例的硫。石膏是改良碱土的重要硫肥，微溶于水，使用前应先磨细，以利于植物吸收利用。硫磺含硫量高，但难溶于水，施入土壤经微生物氧化为硫酸盐后被作物吸收，肥效较慢但持久。

作物在临近生殖生长期时是需硫高峰，随作物衰老，吸收硫能力下降，因此硫肥应该在生殖生长期之前施用，作为基肥施用较好，可以和氮、磷、钾等肥料混和，结合耕地施入土壤。如在作物生长过程中发现缺硫，可以用硫酸铵等速效性硫肥作追肥或喷施。

施肥量应该根据作物需要硫多少和土壤缺硫程度来决定，一般而言，缺硫土壤每亩施过磷酸钙 20 公斤或硫酸铵 10 公斤，可以满足当季作物对硫的需要。

（三）微量元素肥料

作物在正常的生长发育过程中对有些元素的需要量很少，一般仅为作物体内的十万分之几到百万分之几，但它的作用是其他元素无法替代的，这些元素就叫微量元素。目前常用的微量元素肥料有铁肥、硼肥、锌肥、锰肥、铜肥、钼肥等，多为可溶性化合物。

1. 硼肥

（1）硼砂　白色粉末状，半透明细结晶，主要用于土壤施肥，含硼11.3%。在冷水中的溶解度较低，易溶于40℃以上的热水中。饱和水溶液呈碱性，pH值为9.1~9.3。

（2）硼酸　白色细结晶或粉末，含硼17.5%，能溶于水，用作叶面喷施较多。0.1mol浓度的硼酸溶液pH值为5.13，呈酸性。

（3）硼泥　是制硼砂和硼酸后的残渣，灰白色粉末，含硼0.5%~2.0%，含MgO 20%~30%。水溶液呈碱性。由于含硼量较少，只适合作基肥。

（4）含硼过磷酸钙　含硼0.6%，灰黄色粉末，主要成分溶于水。宜基施。

2. 钼肥

（1）钼酸铵　含钼量50%~54%，黄白色结晶，溶于水，含氮6%左右，可以作基肥或根外追肥。

（2）钼酸钠　含钼量35%~39%，青白色结晶，溶于水，可以作基肥或根外追肥。

（3）三氧化钼　含钼量66%，难溶于水，只适于作基施。其他还有含钼的废渣等含钼量较低，适于基施。

3. 锌肥

①硫酸锌（$ZnSO_4 \cdot 7H_2O$ 和 $ZnSO_4 \cdot H_2O$ 两种），含锌量各不相同。七水硫酸锌含锌量为23%，一水硫酸锌含锌量为35%，均易溶于水。

②氧化锌（ZnO），含锌量为78%，难溶于水。

③氯化锌（$ZnCl_2$），含锌量为45%，易溶于水。

④碳酸锌（$ZnCO_3$）含锌量52%，难溶于水。

⑤碱式硫酸锌 ［$ZnSO_4 \cdot 4Zn(OH)_2$］含锌量55%，可溶于水。

⑥锌螯合物（NaZnEDTA）含锌量为12%～14%，易溶于水。

我国目前施用较多的是 $ZnSO_4 \cdot 7H_2O$ 和 $ZnSO_4 \cdot H_2O$，肥效高，效果也较理想。

4. 铁肥

硫酸亚铁（$FeSO_4 \cdot 7H_2O$），为天蓝色颗粒状或粉末状，可溶于水，在干燥空气中风化成白色粉末，遇水又重新变为天蓝色。硫酸亚铁含铁量19.0%左右。0.2%～1.0%喷施。

铁在叶片中很难转移，故喷洒时次数宜多。叶片正反两面都应喷洒。硫酸亚铁很容易氧化变为高铁，从而降低肥效，应注意密闭保存。铁肥若直接施入土壤很快会被转化成难溶性高铁而失效。因此，叶面喷洒最为常见。近年，科研单位用螯合态铁（Fe－EDTA）等有机铁，含铁5%～14%，有较高活性，在土壤中不易被固定，效果较好。

5. 锰肥

（1）**硫酸锰**　分子式为 $MnSO_4 \cdot 3H_2O$，含锰26～28%，在目前最为常用。硫酸锰为白色稍带微桃红色粉末，易溶于水。0.1%～0.2%喷施。

（2）**氯化锰**　分子式 $MnCl_2 \cdot 4H_2O$，含锰17%，浅红色结晶，有吸水性，易溶于水。

（3）**碳酸锰**　分子式 $MnCO_3$，含锰31%，是一种白色粉末，空气中渐变浅黄色，不溶于水，溶于稀酸。

（4）**氧化锰**　分子式 MnO，含锰量41%～68%，呈黑色或绿色粉末，不溶于水。

（5）**螯合锰**　如 Mn－EDTA 等，含锰12%。

6. 铜肥

适于蔬菜使用的铜肥有以下几种。

（1）硫酸铜　含铜量为25%，深蓝色结晶或蓝色颗粒粉末，溶于水。可用作基肥、叶面喷施和种子处理等，撒施时必须耕入土中，施匀才有较好效果。不宜与大量营养元素肥料同时混施，以免降低肥效。

作基肥：每亩施用硫酸铜1.0～1.5公斤，与干细土混合均匀后，撒施、条施或穴施。条施的用量要少于撒施的用量。

拌种：每公斤种子用硫酸铜0.3～0.6公斤，将肥料用少量水溶解后，均匀地喷洒在种子上，阴干后播种。

浸种：用0.01%～0.05%的硫酸铜溶液，浸泡12小时左右，阴干后播种。

叶面喷施：最好在蔬菜的苗期进行，用0.02%～0.04%的硫酸铜溶液喷施，每亩喷50～60公斤，7～10天1次，连续喷施2次。叶面喷施采用较高浓度时，应加入0.15%～0.25%的熟石灰，以免药害。

（2）氯化铜　含铜75%，难溶于水。只能作基肥。

（3）螯合态铜　含铜13%，易溶于水。

（四）新型肥料

1. 新型肥料的概念

新型肥料的一个重要技术指标是：提高肥料利用率10个百分点以上。新型肥料能起到一些常规化肥所达不到的效果，是常规化肥的重要补充。

2. 新型肥料分类

新型肥料是在原有肥料（有机肥料、化肥）的基础上，研制、开发出来的新型肥料品种。主要包括：专用复混肥（配方肥）、有机－无机复混肥（新型有机肥料）、微生物肥料（生物菌剂、生物有机肥料)、缓控释肥料(化学合成缓释、包膜缓释)、叶面肥(氨基酸型、微量元素型、腐殖酸型、植物生长调节剂型)、土壤调理剂等。某些用于喷灌、滴灌的全溶性肥料、具有保水、杀虫、防病的多功能肥料等也可归纳于新型肥料范畴。

(1) 配方肥

①配方肥概念

专用肥是采用平衡施肥技术原理,根据作物的需肥规律和不同地区的土壤肥力,借助于现代化复混肥生产设备和工艺技术,将作物所需的营养元素和特制的肥料添加剂有机的结合起来经造粒等工艺流程而生产制成的氮、磷、钾含量和比例不同的肥料,不同专用复混肥适用于不同作物。当前国际化肥研究发展趋势是从单质化肥向通用复合肥过渡,进而走向专用复混肥料的道路。近些年来专用复混肥料发展迅速,对促进农业发展起到了显著的作用。目前世界发达国家化肥的复合化率已经达到 70%,先进国家已将 60% 的氮肥和 90% 以上的磷、钾肥制成以专用复混肥为主体的复混肥料施用,即促进了农业的发展,提高了化肥利用率,也给肥料加工生产企业带来了可观的经济效益。然而,目前我国化肥的复合率仅为 25% 左右,专用复混肥占农业用肥的15% 左右,与发达国家相差甚远,农业部提出要求在 2010 年我国肥料的复合化率要达到 50%。从长远看专用复混肥是今后化肥发展的主要方向之一。

②配方肥的类型

a. 根据氮、磷、钾总含量可分为三种浓度复合肥:高浓度复合肥氮、磷、钾总含量≥40%,中浓度复合肥氮、磷、钾总含量≥30%,低浓度复合肥氮、磷、钾总含量≥25%。

b. 根据养分元素含量可分为二元复合肥或三元复合肥,二元复合肥可分为氮、磷,氮、钾,磷、钾三种,三元复合肥是指同时含有氮、磷、钾三元素的肥料。

c. 根据作物需肥规律而生产的不同氮、磷、钾配比的复合肥可分为不同的专用肥，如小麦专用肥、玉米专用肥、蔬菜专用肥等。

③配方肥的作用特点：

a. 专用化、针对性强。专用复混肥是根据不同作物的需肥规律和不同的土壤类型科学研究配制而成的化学肥料，真正实现了专肥专用，效果自然显著。

b. 多元素、配比合理。专用复混肥一般都含有氮、磷、钾、钙、镁、硫、铁、硼等多种营养元素，而且根据作物需要进行合理搭配，养分齐全，总养分含量一般高达 30% ~ 50%，养分含量高，有效成分高，肥效长久，能够满足作物对养分的需求，达到营养元素对作物的平衡供应，避免盲目施肥和肥料浪费。

c. 利用率高、肥效持久。一般情况下，专用复混肥不会出现养分过多或太少而失去养分平衡，因此利用率是相当高的，比一般化肥利用率提高 10% ~ 15%，专用复混肥中不仅含有速效性养分，还含有持效性养分，肥效比较持久。

d. 使用方法简便、易于操作。许多地方、企业为方便农民购买、运输和使用，一般按照每亩用量进行生产包装，使用方便，易于操作，肥料成本及施肥成本相对减少，经济效益提高。

e. 低投入、高产出。根据各地肥料试验及生产情况，一般施用专用复混肥比常规施肥增加农作物产量 10% 以上，可提高经济效益。

f. 保护生态环境、促进农业可持续发展。由于专用复混肥比一般肥料利用率高，因此可以降低肥料投入，减少施肥对环境的污染，有利于保护生态环境，促进农业可持续发展。

④配方肥的使用方法

a. 根据作物选择配方肥。由于品种、产量不同，作物在生产过程中对各种营养元素的需求量和比例也各不相同，所以各种作物的施肥量是不同的，如叶菜类应选择含氮素较高的配方，果菜类应选择氮钾含量较高的肥料，马铃薯应选择不含氯型肥料，大白菜、番茄应选择含钙的配方肥。如果配方肥配比不符合作物的吸收规律，会使作物养分吸收不均，甚至出现最小养分因子，使作物的增产潜力得不到发挥，同时造成某种元素的浪费。应根据作物目标产量和土壤肥力而确定合理施肥量。

b. 选择合适的浓度。复合肥浓度差异较大，要因地域、土壤、作物不同，选择使用经济高效的复合肥，一般高浓度复合肥用在经济作物上，品质优，残渣少，利用率高。

c. 较适宜用作基肥。施肥时期一般应根据作物种类、土壤肥力、种植季节和肥料性质而定。专用复混肥与单质肥料相比，由于配入了一定量的磷、钾养分，为了使磷、钾养分特别是磷充分发挥作用，需要早期施用，因此，专用复混肥一般作基肥用。一年生作物可结合整地施肥，多年生作物多集中在冬春施用。如果作追肥用，需要早期施用，不适宜在中后期施用以防止贪青晚熟。

d. 控制施肥深度。配方肥应采取深施覆土的施肥方法。为了增加作物对肥料的吸收量和提高肥效，施肥过程中应特别重视施肥深度，施肥深度应与作物根系主要分布层一致，一般蔬菜作物的根系主要分布在地面以下 30 厘米以内，施肥深度应在 10～30 厘米土层之间为宜，提倡分层施用。复合肥浓度较高，应避免种子与肥料接触，以免影响出苗、烧苗、烂根。播种时种子要与穴施、条施复合肥相距 5～10 厘米。

e. 与多种肥料配合施用。虽然专用肥是多元的，但不能取代有机肥料，专用肥与有机肥料配合施用，可以提高肥效和养分利用率。专用肥虽然是根据作物需肥特点和土壤供肥性确定了适宜的养分配比，但也很难完全符合不同肥力水平作物实际生长要求，因此有必要根据作物实际生长情况再配合施用一些单质肥料。

（2）有机、无机复混肥　利用现代化加工技术对有机物料进行发酵和无害化处理，并加入化肥、中微量元素、腐殖酸、氨基酸或微生物菌剂等，即形成新型有机－无机复混肥。可以造粒，也可掺混后直接施用。其中，包括新型有机肥料（有机质 $\geqslant 20\%$、$N + P_2O_5 + K_2O \geqslant 15\%$）、有机－无机复混肥（有机质 $\geqslant 15\%$、$N + P_2O_5 + K_2O \geqslant 20\%$）。

（3）微生物肥料

①微生物菌剂：微生物肥料又称为生物肥料或微生物接种剂，俗称菌肥或菌剂。它们由活的微生物特定种（或菌株）构成，可以施用在种子、幼苗、茎叶、根部或土壤，增加土壤营养元素，供应植物对营养元素的吸收利用，从而获得特定的肥料效应。在这种效应的产生中，制品中活的微生物起着关键作用，而且这种微生物应属于有益微生物，符合上述定义的制品均应归入微生物肥料。

微生物肥料按制品特定的微生物种类分为细菌类肥料、放线菌类肥料、真菌类肥料；按其作用机理分为根瘤菌类肥料、固氮菌类肥料、解磷菌类肥料、解钾菌类肥料；按其制品内微生物种类的数目分为单一微生物肥料、复合（复混）微生物肥料。

②生物有机肥料：是以畜禽粪便、城市生活垃圾、农作物秸秆等有机废弃物为主要原料，配以多功能发酵菌种剂，使之快速除臭、腐熟、脱水，再添加功能性微生物菌剂，及无机养分配制而成，是有益微生物、有机质和无机有效养分制成的"三合一"肥料。

（4）缓（控）释肥料

①化学合成缓释肥料：这种氮素肥料的特征是具有难溶于水或被微生物分解缓慢的性质。因此和有机肥料的肥效很相似，它在土壤中可以慢慢地进行分解。通过人工合成方法，制成在水中溶解度小的含氮有机化合物，如脲甲醛、草酰胺、亚异丁基二脲、亚丁烯基环二脲等。这些肥料肥效长、效果较好，但生产成本高，释放养分过慢。

②包膜缓释肥料：包膜缓释肥料是以不溶或难溶于水的物质作为包膜材料，如用合成树脂等物质把粒状肥料的表面包起来，然后肥料从包膜的小孔或裂缝中逐渐溶解，可调节养分的供应数量，以利于作物吸收利用。这种肥料称为包膜肥料，也称包衣肥料、包裹肥料、涂层肥料，是缓释肥料中较为普遍采用的方法。常用的包膜肥料品种有长效碳酸氢铵、硫衣尿素、涂层尿素等。

③大颗粒肥料：以加大化肥的粒度来减少化肥与土壤接触的面积，减缓养分的释放速度，如粉状化肥造粒，能因颗粒的加大而延长肥效期，达到提高肥料利用率的目的。

（5）叶面肥料　叶面肥是指施于植物叶片并能被其吸收利用的肥料。它是一种可直接或间接供给植物生长所需养分的各种营养成分且无毒无害的有机、无机营养物质。

叶面肥施肥是用于弥补植物根部养分吸收不足而通过叶面补充的一种辅助施肥措施。叶面肥能够迅速改善植物的营养状况，并可防治某些缺素病状，同时具有促进植物的代谢作用，促进植物的生长和发育，在不同程度上起到增加作物产量、改善产品品质的作用。

①微量元素为主的叶面肥：微量元素为主的叶面肥是含有一种或几种微量元素限制标明量的营养物质。国家标准要求：微量元素总量≥10%。这类肥料中含有一种或几种作物生长发育所必需的，但需要量又比较少的营养元素，一般加入总量可占溶质的5%～30%。通用型复合营养液一般由4～6种微量元素组成；专用型复合营养液则由对某种作物有明显效果的2～5种微量元素组成。

②氨基酸为主的叶面肥：氨基酸为主的叶面肥是含有大量多种氨基酸和少量数种微量元素限制标明量的营养物质。国家标准要求：A. 发酵工艺制成的产品氨基酸含量≥8%，微量元素单质之和≥2%。B. 化学水解工艺制成的产品氨基酸含量≥10%，微量元素单质之和≥2%。

③腐植酸类叶面肥：腐植酸类叶面肥是含有数种腐殖酸和多种无机元素限制标明量的营养物质。利用腐殖酸和营养元素相混配，可以制成腐殖酸型叶面肥。标准要求：A. 腐殖酸含量≥8%，微量元素单质之和≥6%。B. 腐殖酸含量≥8%，大量元素之和≥17%，微量元素单质之和≥3%。

④海藻酸类叶面肥：海藻酸类叶面肥是由不同生物体如海藻的发酵物料中提取的原液或稀释液，再加入大量元素、中微量元素及其他生长调节剂复配而成的肥料。与普通叶面肥相比，它对作物往往具有较好的营养作用和生理调节作用。

五、有机肥料的品种与特性

（一）概　　述

有机肥料是农村可利用的各种有机物质，就地取材，就地积制的自然肥料的总称。习惯上，有机肥料也叫农家肥料。有机肥料的来源极为广泛，品种相当繁多，几乎一切含有有机物质，并能提供多种养分的材料都可用来制作有机肥料。我国素有积攒和施用有机肥料的传统，并积累了许多宝贵经验，在充分利用各种废弃物进行物质和能量循环方面很有特色。

1. 有机肥料在农业生产中的作用

有机肥料含有作物生长发育所需的各种营养元素是一种完全肥料。据统计，我国每年有可利用的粪尿、垃圾、秸秆残体20亿吨左右，其所含的肥分，相当于1亿吨氮、磷、钾化肥。长期以来，我国的农业在相当程度上还是靠有机肥料来提供和维持农作物持续高产所需的大量养分和培肥土壤的有机质。有机肥料还在土壤改良、土壤生态等方面起重要作用。

（1）有机肥料是作物矿质营养的直接来源　有机肥料含有作物生长发育所必需的各种营养元素，特别是各种微量元素。有机肥料还能促进土壤微生物释放大量的二氧化碳，增加土壤和空气中二氧化碳的浓度，对提高光合作用的强度和光合效率都有良好的作用。据报道，与对照相比，蔬菜作物由于有机肥料释放二氧化碳促进了光合作用，使产量有了明显的提高。

（2）有机肥料能提供各种有机养分　在有机肥料与微生物分解过程中，一方面使有机物质降解和矿质化，释放养分；另一方面，还进行腐殖化作用，使一些简单的有机化合物缩合脱水形成更为复杂的腐殖质。经降解的有机物含有维生素 B_1、B_6、B_{12} 和生物素、泛酸、叶酸、酶及生长素等。维生素 B_1、B_6 能促进作物根系发育，使作物能更好地利用土壤中的有效养分。腐殖质对种子萌发、根的生长均有刺激作用，对作物的呼吸作用、光合作用以及体内各种物质的代谢（如蛋白质代谢、核酸代谢等）也有积极的影响。腐殖质具有较强的缓冲能力，它能保护植物免受毒害。施用有机肥料能较明显地提高作物产量和改进品质。

（3）有机肥料是改良土壤的重要物质　有机肥料分解过程中形成的腐殖酸是一种有机弱酸，它在土壤中容易与各种阳离子结合生成腐殖酸盐。腐殖酸和腐殖酸盐同时存在时可形成一种缓冲溶液，可减少土壤中 pH 值的变化幅度，以保证农作物有一个正常生长的环境条件。

腐殖质是土壤的重要组成成分，它在土体中与无机胶体结合而形成一种能使土粒胶结成土壤团聚体的有机—无机胶体复合体。而团聚体具有多孔性，可以调节土体中水、肥、气、热状况，并能改善土壤结构。

有机肥料还能提高地温，改良土壤耕性，延长土壤的适耕期。土壤有机胶体的阳离子交换量大，能避免局部土壤中化肥浓度过高而对作物产生危害。

（4）有机肥料有提高难溶性磷酸盐及微量元素养分有效性的作用　有机肥料在分解过程中经常产生一些有机酸和碳酸，这些酸性物质能促进土壤中难溶性磷酸盐转化，提高磷的有效性。

某些微量元素养分（如铁、硼、锌等）在酸性条件下有效性一般都比碱性条件高。有机肥料分解所产生的有机酸和无机酸，对提高微量元素的有效性也是有利的。

2. 有机肥料的分类

（1）粪尿肥　包括人粪尿、家畜粪尿、禽粪等。人粪尿含氮量较高，且易分解，肥效快，因此，在有机肥料中素有"细肥"之称。合理贮存是利用人粪尿的关键问题，以家畜粪尿为主并加入垫料而积制的有机肥料统称厩肥。厩肥中含有丰富的有机物质和多种养分，对培养地力具有明显的作用。因此，它是农村中大量施用的重要有机肥料品种。禽粪含养分浓厚，而且养分比例较均衡，在目前发展商品经济的条件下，家禽业发展很快，这部分肥源也是不可忽视的。

(2) 堆沤肥　包括堆肥、沤肥、秸秆直接还田以及沼气发酵肥等。堆肥和沤肥是性质基本相似，制作方法不同的大宗肥源。它们的共同特点是以作物秸秆为主，掺入少量畜粪尿积制而成。它们的区别在于堆肥在堆积中以好气分解为主；沤肥则以嫌气发酵为主，最终达到有机物分解，释放出各种养分。秸秆直接还田是一种特殊的施肥方法，它具有节省劳力、方法简便等优点。很适合规模经营的生产单位采用。沼气发酵肥是制取沼气后残余物，具有一定的肥效。

(3) 绿肥　绿肥是直接翻压绿色鲜嫩植物体作肥料的总称。绿肥的种类很多，按来源可分为：栽培绿肥和野生绿肥，按植物学可分为：豆科绿肥和非豆科绿肥；按栽培季节可分为：早春、夏季和冬季绿肥；按生长年限可分为：一年生和多年生绿肥；按栽培方式可分为：单作、套作、混播和播种绿肥等。

绿肥不仅养分丰富，易于分解，且具有就地栽培、就地翻压、投资少、受益大等优点，种植绿肥在发展农业生产，沟通农牧业结合以及节约能源等方面都有重要意义。

(4) 饼肥　饼肥是各种含油较多的种子，经榨油后剩余残渣用作肥料的总称。饼肥的种类也很多，主要有大豆饼、菜籽饼、花生饼、蓖麻籽饼以及茶籽饼等。

饼肥中含有大量有机物质，尤其是蛋白质和脂溶性维生素，它们都是营养价值很高的饲料。为了经济合理利用饼肥，提倡先将其饼作饲料，而后利用牲畜的粪尿作肥料。对于某些含有毒素不宜直接用作饲料的油饼，如棉籽饼中含有棉酚、菜籽饼中含有皂素、蓖麻籽饼中含有蓖麻素等，可以先将毒素提取出来作为工业原料，然后再用作肥料，这样可一举两得，物尽其用。

饼肥富含有机物质和氮素，并含有相当数量的磷、钾和微量元素。饼肥在土壤中腐熟后，养分含量高，肥效明显而持久。目前只有少数地区直接施用饼肥，且数量有限，在有机肥料中已不占重要位置。

（5）泥炭 泥炭又称草炭，它是古代低湿地带生长的植物残体，在淹水嫌气条件下形成的相对稳定的松软堆积物。它大致由三部分组成：未能彻底分解的植物残体、植物残体分解过程中形成的腐殖质和矿物质。前两者是泥炭的主要成分，数量占50%以上。

泥炭具有许多良好的特性，如它富含有机质和腐殖质，具有较强的吸水和吸氨的能力。因此，在农业生产上它除了可直接用作肥料外，还可作垫圈材料、混合肥料的原料填充物、微生物制品的载体以及泥炭营养钵等。泥炭中含有较多的腐殖质，它也是制造各种腐殖酸肥料的好原料。

腐殖酸类肥料是一种含有腐殖酸类物质的肥料品种。在腐殖酸类肥料中添加各种化肥成分，即可制成在生产上有良好肥效的有机—无机复混肥料。腐殖酸类肥料中主要有：腐殖酸铵、硝基腐殖酸铵、腐殖酸钠等。

3. 有机肥料与化学肥料特点的比较

为了保证作物能获得高产、稳产，提高肥料的经济效益，必须坚持贯彻执行"在施用有机肥料的基础上，有机肥料与化学肥料配合施用"的施肥技术政策。两者配合施用可以相互取长补短，充分发挥肥料的增产作用。有机肥料与化学肥料配合施用，不仅在当前化肥供应不足的情况下是必要的，即使在今后我国化肥产量提高了，能满足需要的时候，有机肥料也是不能忽视的。因为有机肥料所起的作用绝不是化学肥料所能代替的。

①有机肥料含有机质多，有显著的改土作用；而化学肥料只

能供给作物矿质养分，一般没有直接的改土作用。

②有机肥料含有多种养分，但养分含量低；而化学肥料养分含量高，但养分种类比较单一。

③有机肥料供肥时间长，肥效缓慢，而化学肥料肥效快，能及时供应较多的养分，但肥效不能持久。

④有机肥料既能供给养分，促进作物的生长，又能保水、保肥，改良土壤性质；而化学肥料养分浓度大，容易挥发，淋失或发生强烈的固定，从而降低肥料利用率。

4. 有机肥料的腐熟及其调控

（1）腐熟的目的　富含有机物质的有机肥料，其养分形态绝大多数是迟效性的，作物不能直接吸收和利用。如果把未腐熟的有机肥料施入土壤，往往由于分解缓慢，不但当季肥效很差，同时还会滋生杂草和传播病菌、虫卵。在农业生产上，为了克服这些缺点，对于厩肥和堆肥等有机肥料，常在施用前采取堆积的方式使之腐熟，以提高肥料的质量。

有机肥料腐熟的目的是为了释放养分，提高肥效，避免肥料在土壤中腐熟时产生对作物不利的影响，如与幼苗争夺水分、养分，或因局部地方产生高温、氨浓度过高而烧苗等。此外，腐熟的有机肥料才有显著改善土壤性质的作用。

有机肥料的腐熟是复杂的有机物质在微生物作用下进行矿质化和腐殖化的过程。所谓矿质化就是微生物分解有机物质，使之转为无机态养分的过程；有机物质的矿质化表明了速效养分的释放。所谓腐殖化则是在微生物的作用下，有机物质分解的中间产物再合成腐殖过程。既然有机肥料的腐熟是微生物作用的结果，因此促进和控制微生物活动的条件则是有机肥料腐熟和管理的中心问题。

微生物所需的环境条件可通过各种措施加以调节。例如，加水可调节肥堆内的温度和湿度；翻捣或压实可调节空气和温度；加少量氮素化肥或粪稀可调节原料物质的碳氮比；加石灰或草木灰可调节酸碱度等。采用这些措施的目的虽然都是为了加速有机肥料的腐熟，但在不同的季节或不同的条件下，所采用的措施应有所侧重。如夏季气温高，雨水多，重点措施是调节通气性，因为温度高不致影响肥料的分解腐熟，而雨水多则可能导致供氧不足，影响肥料分解的速度。夏季温度高也应注意氨的挥发，应加强防止氨挥发的措施（如肥堆应用干土或泥土封顶），在冬季，温度低往往是影响肥料腐熟的关键，为了加速有机肥料的分解腐熟应把重点放在提高肥堆温度上。

（2）有机肥料腐熟的调控　控制有机肥料的堆腐条件，实质上就是调控微生物活动的基本条件。最主要的条件有：水分、通气、温度、碳氮比（C/N）和酸碱度（pH 值）。

①水分：水分是微生物活动和腐熟快慢的重要因素。缺水条件下，微生物不能旺盛繁殖，有机物质则得不到分解。堆腐材料只有吸水后才能软化，微生物也才能侵入和进行分解。堆腐时，各种养分只有溶于水中才能为微生物吸收利用。微生物随水移动，有利于堆内各部位得以较均匀地腐熟。缺水固然影响分解，然而水分过多也不利于腐解。适宜的含水量还有调节肥堆内空气和温度的作用。一般堆肥要求的含水量应是堆腐材料最大持水量的 60%～75%，即用手紧握材料能有水滴挤出，就表示含水量大致适宜。

调节水分的方法是，堆制前将材料铡短、浸泡，或干、湿材料搭配。堆制过程中经常检查堆内水分状况，必要时应泼浇清水或粪稀，以保证堆内处于适宜的水分状况。

如若发现堆内出现"白毛"（好热性放线菌的气生菌丝和孢子），这是堆内高温缺水的征兆。此时应向堆内加水，以降低温度，控制其分解进程。

②通气：堆制材料腐解的初期，主要是好气微生物的活动过程，需要一个良好的通气条件。如果通气不良，则好气性微生物活动将受到抑制，堆制原料腐熟缓慢；相反，通气性过好会导致

堆内水分的散失或造成有机物质强烈分解，腐殖质积累少。因此，堆制过程要经常注意调整肥堆的通气状况。

调整通气状况的原则是前期肥堆不可压紧，使其处于好气分解条件，后期原料接近腐熟时应压紧，使堆内造成嫌气分解条件，以减少养分损失和促进腐殖质的积累。如腐解前期堆内通气不良，可采取翻堆捣粪措施加以解决。

③温度：堆温上升主要是微生物旺盛活动，有机物质强烈分解，放出大量热能而引起的。堆肥中各类微生物对温度有不同的要求。一般中温性纤维分解细菌要求温度在 50℃ 以下，25 ~ 37℃ 最为适宜。高温纤维分解细菌要求的适宜温度为 50 ~ 60℃，虽然它们也能在 70℃ 高温下生存，但超过 65℃ 时，其活动就会受到抑制。由此可见，控制堆内温度就可控制微生物的活动，同时，微生物的活动又会影响堆内的温度变化，而且也直接和间接地影响着堆制材料的腐熟时间和腐熟程度。

调节堆内温度的方法是：及时翻堆能暂时降低堆温，添加一定数量的水分也能起降温作用，加大肥堆的体积、覆盖塑料薄膜，增加堆肥材料中马粪的数量以及接种高温纤维素分解菌可促进堆内温度上升。

④碳氮比（C/N）：所谓碳氮比是指微生物体或其他有机物中所含碳素和氮素重量的比值。

有机肥料中的有机物质主要依靠微生物进行分解，而微生物进行正常活动需要能量和必要的养分。能量可以在分解有机物质时获得，而养分（主要是氮素）往往需要在堆制时加入，因为作物秸秆中氮素含量较少。不同堆制材料的 C/N 比有很大的差异。C/N 比宽的材料，分解腐熟困难，而 C/N 比适宜的材料，则分解迅速，腐殖化系数高。

⑤酸碱度（pH 值）：各类微生物只能在一定的酸碱度范围内活动。分解有机物质的微生物，大多适应在中性至微碱性条件下生长和繁殖，最适宜的 pH 值为 7.5。堆肥腐熟过程中，往往

产生各种有机酸使环境变酸，影响微生物的正常生长和活动。为此，常需加入石灰、草木灰等碱性物质。华北地区在堆制堆肥时，加入石灰性土壤，除有保水、保肥作用外，兼有调节酸度的作用。有时也可加入新鲜的绿肥或青草，利用它们分解时产生的有机酸来达到调节 pH 值的目的。

（二）粪尿肥

1. 人粪尿

人粪尿是一种来源广泛的流体肥料，易流失或挥发损失，同时还含有很多病菌和寄生虫卵，若使用不当，则容易传播病菌和虫卵。为此，合理贮存人粪尿并进行无害化处理，是合理利用人粪尿的关键。

（1）人粪尿的成分和性质　人粪是食物经消化未被吸收利用而排出体外的残渣。其中含 70%～80% 的水分；20% 左右的有机物，主要是纤维素、半纤维素、脂肪、脂肪酸、蛋白质及其分解的中间产物等；矿物质含量约 5%，主要是钙、镁、钾、钠的硅酸盐、磷酸盐和氯化物；此外，还有少量粪臭质、吲哚、硫化氢、丁酸等臭味物质和大量微生物，有时还有寄生虫卵。新鲜人粪一般呈中性反应。

人尿是食物经消化吸收参加新陈代谢后，排出体外的废液。含有 95% 的水分，5% 左右的水溶性有机物和无机盐类。其中尿素占 1%～2%，氯化钠约 1%，并含有少量尿酸、马尿酸、肌酸酐、氨基酸、磷酸盐、铵盐及微量生长素和微量元素等。新鲜人尿因含有酸性盐和多种有机酸，故呈弱酸性反应。但贮存后尿素水解产生碳酸铵而呈弱碱性反应。

人粪中的养分主要呈有机态，需经分解腐熟后才能被作物吸收利用。但人粪中氮素含量高，分解速度比较快。人尿成分比较简单，70%～80% 的氮素以尿素状态存在，磷、钾均为水溶性无机盐状态，其肥效快，它们都是速效性养分。从人粪和人尿中的养分含量来看，都是含氮多，而含磷、钾少，所以人们常把人粪尿当作氮肥施用。

（2）人粪尿的腐熟和合理贮存　人粪尿的腐熟是在贮存过程中完成的。人粪尿在微生物的作用下，由复杂的有机物分解为简单的化合物，是一个复杂的生物化学过程。在这个过程中，人粪中的含氮化合物分解并形成氨基酸、氨、二氧化碳及各种有机酸，而人粪中的不含氮化合物则分解生成各种有机酸、碳酸和甲烷等，人尿中的尿素，在脲酶的作用下，水解生成碳酸铵。碳酸铵的化学性质极不稳定，可分解生成氨、二氧化碳和水。由于氨的挥发而造成肥分的损失。人粪尿腐熟后，铵态氮数量明显提高，一般含量可占全氮含量的80%。由此可见，在贮存期间，防止或减少氨的挥发损失是个关键问题。当然，由于腐熟后的人粪尿是半流体的物质，防止渗漏也是不可忽视的。

（3）人粪尿的无害化处理　对人粪尿进行无害化处理的原则是杀灭病原菌，消除传染源，防止蚊蝇的寄生繁殖；防止污染环境，防止养分损失；促进腐熟，提高肥效。进行无害化处理多采用加盖沤制、密封堆积和药物处理等方法。

（4）人粪尿的施用　人粪尿是以氮素为主的有机肥料。它腐熟快，肥效明显。由于数量有限，目前多集中用于菜地。人粪尿用于叶菜类、甘蓝、菠菜等蔬菜作物增产效果尤为显著。施用人粪尿时应注意补充磷、钾肥料。此外，人粪尿含有机质不多，且用量少，易分解，所以改土作用不大。为了更好地培养地力，应与厩肥、堆肥等有机肥料配合施用。

人粪尿适用于各种土壤和大多数作物。只有在雨量少，又没有灌溉条件的盐碱土上，最好兑水稀释后分次施用。人粪尿中含有较多的氯化钠，对氯敏感的作物（如马铃薯、甘薯、甜菜、烟草等）不宜过多施用，以免影响产品的品质。人粪尿最适用于追肥。

2. 家畜粪尿与厩肥

厩肥是家畜粪尿、褥草和各种垫圈材料的混合物。由于它含有丰富的有机物质和多种养分，所以有"完全肥料"之称。它是我国农村普遍施用的重要有机肥料品种。厩肥不仅能全面供给作物养分，而且具有改良土壤、培养地力的功效。

（1）家畜粪尿

①家畜粪尿的成分：家畜粪和尿的成分不同，粪是饲料经过牲畜的消化器官消化后没有吸收的残余物。它主要是半腐解的植物性有机物质，成分是蛋白质（包括蛋白质的分解产物）、脂肪、碳水化合物、纤维素，半纤维素、木质素、有机酸、胆汁、叶绿素，酶以及各种无机盐等。尿是饲料中的营养成分被消化吸收，进入血液经新陈代谢后排出的部分。成分比较简单，全部是水溶性物质，主要有尿素、尿酸、马尿酸以及钾、钠、钙、镁等无机盐类。

养分总含量，猪粪、羊粪含量较多，马粪次之，牛粪最少。就养分种类而言，畜粪中含有机质和氮素较多，磷和钾较少，畜尿中含磷很少。各种家畜每年的排泄量也相差甚大。牛的排泄量最大，羊最少，马、猪介于其间。

②家畜粪尿的特性：各种家畜粪尿除养分含量有差异外，由于家畜的饲料成分、饮食习惯、消化能力等差别，致使粪质粗细和含水量不同，影响畜粪的分解速度、发热量以及微生物种类等。

a. 猪粪。猪的饲料范围广而多样化，因此猪粪的性质差异也较大。猪饲料一般比其他家畜的饲料精细，养分含量比较高。猪粪的质地比较细，碳氮比较窄，且含有较多的氨化微生物，一般较易分解，分解后形成的腐殖质也比较多。但猪粪中含纤维素分解菌较少，粪中难消化的残渣分解慢，所以，猪粪是性质柔和而有后劲的有机物。为加速猪粪分解，混合少量马粪，用以接种纤维素分解菌，可促其分解，提高肥效。

b. 牛粪。牛是反刍动物，消化力强，对饲料咀嚼较细，食物在胃中反复消化，因而牛粪质地致密。牛饮水较多，牛粪中含水也多，故通气性差，分解缓慢，发酵温度低，肥效迟缓，故习惯称牛粪为"冷性肥料"。牛粪中养分含量是家畜粪中数量最低的，尤其是氮素含量。氮素含量少，碳氮比较宽，是它分解缓慢的原因之一。为了加速分解，可将鲜粪稍晾干，再加入马粪混合堆积，一般可得到疏松优质的有机肥料。如能混入钙镁磷肥或磷矿粉，则质量更高。用以接种纤维素分解菌，促其分解，提高肥效。

c. 马粪。马对饲料的咀嚼不如牛细致，消化力也不及牛强。马粪中纤维素含量高，粪的质地粗，疏松多孔，水分易蒸发，含水分少。同时粪中含有大量的高温纤维素分解菌，能促进纤维素分解，因此，马粪腐熟较快。马粪在堆积中，发出的热量多，常称马粪为"热性肥料"。马粪可作温床的酿热材料，用以提高苗床温度，促使幼苗能提早移栽。如在沼气池中加入马粪，也可促进沼气发酵材料分解。在制造堆肥时，加入适量马粪，可提高肥堆温度，促进堆肥腐熟。由于马粪质地粗，对改良土壤也有显著效果。

d. 羊粪。羊也是反刍动物，对饲料咀嚼细，但饮水少，所以羊粪质地细密而干燥，肥分浓厚。羊粪是家畜粪中养分（尤其有机质和全氮）含量最高的一种。羊粪分解时散发的热量比马粪低，但比牛粪高，易于发酵分解，亦属热性肥料。羊粪宜与含水分较多的猪粪、牛粪混合堆积。

此外，家畜类中的兔粪，其氮、磷、钾含量比羊粪高，性质与羊粪很近似，也是一种优质高效的有机肥料。

各种家畜尿的性质都较相似，一般均呈碱性反应，但含有不同数量的尿酸和马尿酸。几种家畜尿相比，只有牛尿分解较慢，肥效迟缓，不宜直接单独施用，其他三种均可较快分解各种家畜粪尿，虽然在成分和性质上有所不同，但事实上，最后积攒起来的肥料已经不是单纯某一种家畜的粪尿，而是家畜粪尿与垫圈材料的混合物。这就是一般所谓的厩肥（也称圈肥）。

只是在有特殊用途时，如作为温床的酿热材料、作堆肥时接种高温纤维素分解菌，才单独使用马粪。

（2）厩肥 各种牲畜在圈（或棚、栏）内饲养期间，经常需用各种材料垫圈。垫圈材料主要是有机物（如秸秆、枯枝落叶等）。垫圈的目的在于保持圈内清洁，有利于牲畜的健康，同时也利于吸收尿液和增加积肥数量。因此，以家畜粪尿为主，混以各种垫圈材料及饲料残渣等积制而成的肥料统称厩肥。因各地积制方法略有差异，故名称也不同，如土粪、圈粪、草粪、棚粪等，但这些都属于厩肥的范畴。

①厩肥的成分和性质：不同的家畜，由于饲养条件不同和垫圈材料的差异，可使各种和各地厩肥的成分，特别是氮素含量有较大的差异，厩肥平均含有机质25%左右，含 N 约0.5%，P_2O_5约0.25%，K_2O 约0.6%。

新鲜厩肥中的养分主要是有机态的，施用前必须进行堆腐。厩肥腐熟后，当季氮素利用率为 10% ~ 30%，磷的利用率为30% ~ 40%，钾为 60% ~ 70%。由此可见，厩肥对当季作物来讲，氮素供应状况不及化肥，而磷、钾供应却超过化肥，因此及时补充适量氮素是不可忽视的。此外，厩肥因含有丰富的有机质，所以有较长的后效和良好的改土作用，尤其对促进低产田的土壤熟化有十分明显的作用。

②厩肥的积制：积制厩肥要兼顾多积肥、积好肥的原则。不仅要求增加积肥数量，同时也应提高肥料的质量。

由于各种家畜的生活习性和饲养方法不同，积肥方式也就各有特点。牛、马、骡、驴大家畜经常是放牧或使役，其积肥方式是以圈外积肥为主，猪主要是圈养，所以是以圈内积肥为主。

在一些大型种猪场，为了保证猪的健康，减少传染病的发生，常采用冲圈积肥的方式。即圈内不加垫料，每天用水冲洗圈内粪便，经排水沟收集于圈外粪池中。此种肥料称为厩液。这种积肥的特点是经常保持圈内清洁，对猪的健康有利，肥料中没有垫料，腐热快，可作追肥。缺点是积肥数量少，而且要求是硬底圈，造价较高。

③厩肥的施用：厩肥中大部分养分是迟效性的，养分释放缓慢，因此应作基肥。但腐熟的优质厩肥，也可作追肥，只是肥效不如作基肥效果好。单独积攒的厩液，在腐熟后即可作追肥，其肥效较高。

由于厩肥当季氮素利用率不高，一般只有 20% ~ 30%，因此应配合施用化学氮肥。

施用厩肥不一定全部是完全腐熟的。一般应根据作物种类、土壤性质、气候条件、肥料本身的性质以及施用的主要目的而有所区别。一般来讲，块根、块茎作物，如甘薯、马铃薯和十字花科的油菜、萝卜等，对厩肥的利用率较高，可施用半腐熟厩肥；就土壤条件而言，质地黏重、排水差的土壤，应施用腐熟的厩肥，而且不宜耕翻过深，对砂质土壤，则可施用半腐熟厩肥，翻耕深度可适当加深。此外，早熟作物因其生长期短，应施用腐熟程度高的厩肥；而冬播作物，因其生长期长，对肥料腐熟程度的要求就不太严格了。由于大多数蔬菜作物生长期短，生长速度快，其产品的卫生条件要求严格，所以对于厩肥使用时要求充分腐熟为宜。

3. 禽粪

禽粪是鸡粪、鸭粪、鹅粪、鸽粪等家禽粪的总称。家禽的排泄量虽然不多，但禽粪含养分浓厚。

禽粪中氮、磷养分含量几乎相等，而钾稍偏低。4 种禽粪相比，鸽粪养分含量最高，鸡、鸭粪次之，鹅粪最差。因为鹅是草食动物，而鸽、鸡、鸭是杂食性动物，尤其是鸽和鸡，均以谷物饲料为主，而且饮水少，所以养分含量高。禽粪是很容易腐熟的有机肥料。禽粪中的氮素以尿酸形态为主。尿酸盐不能直接被作物吸收利用，而且对农作物根系生长有害，所以禽粪必须腐熟后才能施用。禽粪在堆腐过程中能产生高温，属于热性肥料。禽粪中除含有氮、磷、钾营养元素外，还含有 1% ~2% 的氧化钙以及少量微量元素养分。

近年来，为了解决大城市蛋品的供应问题，又发展了不少大型养鸡场，一般饲养量都在万只到十万只左右，因此禽粪也是一项不可忽视的肥源。禽舍或养禽场是禽粪的积存场所，应经常垫入干细土，或粉碎好的干草炭，并定期清扫。禽粪中的尿酸态氮比较容易分解，应注意积存过程的保管。积存过程中易腐熟并产生高温，造成氮素的损失。如保管不当，禽粪经 2 个月，氮素可损失一半。在存放时加入 5% 的过磷酸钙可减少氮的损失。试验表明，禽粪中的氮素对当季作物的肥效相当于化学氮肥的 50%，但禽粪有明显的后效。

由于禽粪养分浓厚，养分种类全面。它是一种高浓度的天然复合肥料。目前有一些大型养鸡场在利用鸡粪加入少量化肥制成专用复合肥料，供应市场。既解决了大量鸡粪污染环境 的问题，又开发了有机肥料的商品生产，这是值得提倡的。

新鲜禽粪易招引地下害虫，因此腐熟是必要的。腐熟的禽粪多作追肥，多用于菜地或经济作物上，每亩施肥量 50 公斤左右，并需加干土 3 ~5 倍。

（三）堆肥和沤肥

堆肥和沤肥也是我国农村中重要的有机肥料。它们都是利用秸秆、杂草、树叶、各种绿肥、泥炭、垃圾以及其他废弃物为主要原料，加进家畜粪尿进行堆积或沤制而成的。一般北方以堆肥为主，南方则以沤肥为主。堆肥的堆制过程以好气分解为主，发酵温度较高；而沤肥多在水层下沤制，以嫌气分解为主，发酵温度较低。堆肥和沤肥的中心问题仍然是腐熟问题。

1. 堆肥

腐熟的堆肥，颜色为黑褐色，汁液呈浅棕色或无色，有臭味。堆制后材料已有很大变化，不易辨认。湿时柔软而有弹性，干时很脆，容易拉断。

堆肥的成分和性质基本上与厩肥相似。腐熟后的堆肥富含有机质，碳氮比窄，肥效稳，后效长，养分全面，是比较理想的有机肥料品种。此外，优质的堆肥中还含有维生素、生长素以及各种微量元素养分。

堆肥的施用与厩肥是相同的。一般作基肥结合耕翻时施入，使土肥相融，以便改良土壤和增加土壤养分。堆肥适用于各类土壤和各种作物。

2. 沼气发酵池肥

沼气发酵池肥也称为沼气发酵肥料。它是作物秸秆与人、畜粪尿在密闭的条件下发酵，制取沼气后的沉渣和发酵液。沼气发酵过程中，原材料有 40% ~ 50% 的干物质被微生物分解，其中的碳素大部分分解产生沼气（即甲烷 CH_4）被用作燃料，而氮、磷、钾等营养元素，除氮素有一部分损失外，绝大部分保留在发酵液和沉渣中。制取沼气后的沉渣，其碳氮比明显变窄，一般在 13 ~ 24 之间，养分含量比堆肥、沤肥高。沉渣的性质与一般有机肥料相同，属于迟效性肥料，而发酵液则是速效性的肥料。其中铵态氮的含量较高，有时可比发酵前高 2 ~ 4 倍。一般堆肥中速效氮含量仅占全氮的 10% ~ 20%，而发酵液中速效氮可占全氮量的 50% ~ 70%，所以发酵液可看作是速效性氮肥。

发酵池内的沉渣宜作基肥，发酵液宜作追肥。一般可结合灌水施用。旱地施用发酵液时，最好是沟施，施后立即覆土，防止氨的挥发。

（四）商品有机肥料

商品有机肥料指的是把畜禽粪便、动物骨骼、植物残体、草炭等原料经过工业加工且一般都带有包装的有机肥料，商品有机肥有粉末状和颗粒状两种。颗粒状有机肥料因有粘结造粒过程，工艺相对较复杂。通常还要在此基础上掺入其他成分，如加入化肥的叫有机复合肥，加入微生物的叫生物有机肥料，既有微生物还有化肥的可以称为生物有机复合肥。与农家肥相比，商品有机肥料都经过充分发酵，有效去除了普通农家肥中的病菌、虫卵等，一般也要去除臭味，有时还要添加某些原料，使营养成分进一步提高且更加合理。但商品有机肥料因要加入加工、包装、运输、税收等成本，在价格上明显难以和普通农家肥相比，并且养分浓度低，运输成本高，比较适于就地加工，就地销售。

附录：

I 化学肥料的识别

1. 尿素的识别方法

一看：真尿素是一种半透明且大小一致的无色颗粒。若颗粒表面颜色过于发亮或发暗，或呈现明显反光，则可能混有杂质。

二查：查包装的生产批号和封口。一般来说，真尿素包装袋上的生产批号清楚且为正反面都叠边的机器封口；假尿素包装上的生产批号不清楚或没有，而且大都采用单线手工封口。

三称：正规厂家生产的尿素一般与实际重量相差都在1%以内，而以假充真的尿素则与标准重量相差很大。

四摸：真尿素颗粒大小一致，不易结块，因而手感较好，而假尿素手摸时有灼烧感和刺手感。

五烧：真尿素放在火红的木炭上迅速熔化，冒白烟，有氨味。如在木炭上出现剧烈燃烧，发强光，且带有"嘶嘶声"，或熔化不尽，则其中必混有杂质。

六闻：正规厂家生产的尿素正常情况下无挥发性气味，只是在受潮或受高温后才能产生氨味；若正常情况下挥发味较强，则尿素中含有杂质。

2. 复混肥的识别

一看：先看肥料是否双层包装，三证（生产许可证、肥料登记证、产品合格证）是否齐全有效。再看外包装袋上是否标明商标、号码、标准代号、养分总含量、生产企业的名称和地址，最后看内包装袋内肥料颗粒是否一致，无大硬块，粉末较少。如配用加拿大钾肥的，可见红色细小钾肥颗粒。含氮量较高的复混肥，存放一段时间肥料表面可见许多附着的白色或无色的微细晶体。这种晶体是由于尿素和氯化钾吸湿后形成的。劣质复混肥没有这种现象。

二摸：国家标准规定低浓度复混肥料的水分含量应小于或等于5%，如果水分含量超过这个指标，抓在手中的感觉一是粘手，二是可以捏成饼状，必然会使肥料颗粒抗压强度降低，失去复混肥料养分缓慢释放的性质。用手抓半把复混肥搓揉，手上留有一层灰白色粉末并有黏着感的为质量优良；若摸其颗粒，可见细小白色晶体的也表明为优质。劣质复混肥多为灰黑色粉末，无黏着感，颗粒内无白色晶体。

三烧：取少量复混肥置于铁皮上，放在明火中烧灼，有氨臭味说明含有氮，出现紫色火焰表明含有钾。且氨臭味越浓，紫色火焰越紫，表明氮、钾含量越高，即为优质复混肥，反之则为劣质复混肥。

四闻：复混肥料一般无异味（有机无机复混肥除外），如果有异味，是由于基础原料氮肥主要用农用碳酸氢铵，或是基础原料中含有毒物质三氯乙醛（酸）的磷肥。三氯乙醛（酸）有毒物质进入农田后轻则引起烧苗，重则使农作物绝收，而且毒性残留期长，影响下季作物生长，因此，农民最好不要买有异味的复混肥。

五溶：优质复混肥水溶性较好，绝大部分能溶解，即使有少量沉淀也较细小。而劣质复混肥难溶于水，残渣粗糙而坚硬。

II 肥料包装标识的识别

1. 肥料包装标识主要误区

一是夸大总养分含量。按照国家肥料标识标准规定，复混肥料中的养分含量是指氮、磷、钾三元素的总含量，中量元素如钙镁硫和微量元素都不加以标识。但有些厂家却故意将这些中量元素全部加入总养分中，或在一些有机－无机复混肥料中将有机质一并写入总养分中，有些二元肥甚至将钙、镁、硫等中量元素计入总养分中，使实际总养分含量只有 25% 或 30% 的复混肥通过虚假标识达到 40% 甚至 50% 以上。

二是二元肥冒充三元肥销售。常用方法是在配合式中标入中量元素或有机质含量。明明是二元复混肥，但却标明"氮 15：磷 15：铜锌铁锰等 15"，或者 N—PK—S 为 15—15—15。这种标识给人造成一种三元复混肥的感觉，使作物因缺乏某些养分而造成减产。

三是有些企业故意在外包装袋上用拼音打印商品名、商标名、企业名称，以此来误导消费者使其认为是进口产品。利用农民崇拜进口复合肥的心态大做文章，打上与欧洲国家相似的国名，如将"原产国"变为"原料产国"，使用"挪二威"、"丹唛"、"娜威"，以及"俄罗斯技术"，或采用"俄罗斯、中国、加拿大原料"等字样误导农民。

四是夸大产品作用。在包装袋上冠以欺骗性的名称，如"全元素"，"多功能"，"抗旱、抗病"等。

五是假冒或套用肥料登记证号。

2. 肥料包装标识的识别

国家标准 GB18382—2001《肥料标识内容和要求》对肥料

包装标识的具体内容和规格做了明确的要求。我们以复混肥和有机肥料为例，包装标识内容包括：

肥料名称和商标。应标明国家标准、行业标准已规定的肥料名称。如★★★牌复混肥料（复合肥料）、有机肥料，如有商品名，可在产品名称下以小一号字体标注。产品名称不允许添加带有不实、夸大性质的词语，如"高效★★★"、"★★肥王"、"全元素★★肥料"等。

总养分含量及单养分标明值。这是不法厂家经常做手脚的部分，特别要引起农民朋友的重视。复混肥料应标明 N、P_2O_5、K_2O 总养分的百分含量，总养分标明值应不低于配合式中单养分标明值之和，其他元素不得计入总养分。以配合式分别标明总氮、五氧化二磷、氧化钾的百分含量，如 25% 的氮、磷、钾复混肥料 10—5—10，二元肥料应在不含单养分的位置标以"0"，如氮钾复混肥料 15—0—10。即使加入中量元素或微量元素，不得在包装标识上标注。另外，若产品含氯，必须注明含氯字样。有机肥料或有机无机复混肥要标明有机质含量，根据有机肥料和有机无机复混肥现有标准，有机肥料和有机无机复混肥中有机质含量要大于 30% 和 20%。

生产许可证号（复混肥料）。肥料登记证号和产品的标准编号。目前国家对复混肥料实行生产许可证管理，因此复混肥料的包装标识上要标明生产许可证的编号。根据农业部《肥料登记管理办法》，各省级农业行政主管部门对市场流通的复混肥料、有机肥料、有机无机复混肥料等进行登记管理，包装标识上同样要标注肥料登记证号，例如以粤农肥（2003）临字 100 号或粤农肥（2003）准字 100 号的形式标注。

生产或经销单位名称和地址。该单位名称和地址应是经依法登记注册并能承担产品质量责任的生产者或经销者的名称、地址。

Ⅲ 主要化学肥料养分含量

肥料名称	氮含量 （N%）	磷含量 （P_2O_5%）	钾含量 （K_2O%）	钙含量 （Ca%）
硫酸铵	21	0	0	
碳酸氢铵	17	0	0	
尿素	46	0	0	
硝酸铵	34	0	0	
氯化铵	25	0	0	
液氮	82	0	0	
氨水	14	0	0	
石灰氮	18	0	0	
硝酸钠	15	0	0	
硝酸钙	13	0	0	19
过磷酸钙（1级）	0	18	0	18
过磷酸钙（2级）	0	16	0	18
过磷酸钙（3级）	0	14	0	18
过磷酸钙（4级）	0	12	0	18
钙镁磷肥（1级）	0	18	0	20
钙镁磷肥（2级）	0	16	0	20
钙镁磷肥（3级）	0	14	0	20
钙镁磷肥（4级）	0	12	0	20
重过磷酸钙	0	46	0	
硫酸钾	0	0	50	
氯化钾	0	0	60	
碳酸钾	0	0	50	
磷酸一铵（优级）	11	52		

肥料名称	氮含量（N%）	磷含量（P_2O_5%）	钾含量（K_2O%）	钙含量（Ca%）
磷酸一铵（1级）	11	49		
磷酸一铵（合格）	10	46		
磷酸二铵（优级）	16	46		
磷酸二铵（1级）	15	42		
磷酸二铵（合格）	13	38		
硝酸磷肥（优级）	27	13		
硝酸磷肥（1级）	26	12		
硝酸磷肥（合格）	25	11		
磷酸二氢钾（1级）	33			
磷酸二氢钾（合格）	32			
硝酸钾	13		44	
低浓度复混肥	10	7	8	
中浓度复混肥	10	10	10	
高浓度复混肥	15	15	15	
钾镁肥			10	
磷酸镁				
磷酸镁铵				
氯化镁				
硫酸镁				
石灰氮	20～22			38
生石灰				70
熟石灰				50
碳酸钙				35

Ⅳ 主要肥料能否混合施用查对表

氯化铵	1

```
氯化铵        1
碳酸氢铵      1 1
氨水          1 1 1
硝酸铵        1 3 1 1
硝酸钙        3 3 3 3 3
硝酸铵钙      1 3 3 3 1 1
硫硝酸铵      2 1 1 1 2 3 1
尿素          1 1 1 1 1 3 1 3
石灰氮        3 3 3 3 3 1 3 3 3
过磷酸钙      2 2 2 2 1 3 3 1 1 3
重过磷酸钙    2 2 2 2 3 3 1 1 3 2
钙镁磷肥      3 3 3 3 3 3 3 3 3 3 3
沉淀磷酸钙    2 2 1 1 3 1 1 1 1 3 1 1 3
钢渣磷肥      3 3 3 3 3 1 3 3 3 2 3 3 1 1
磷矿粉、骨粉  1 1 1 3 1 1 1 1 2 2 3 2 1 2
磷酸铵        1 1 1 1 3 1 3 1 1 3 2 2 3 2 3 3
硫酸钾        2 2 1 1 2 1 1 2 2 2 1 2 3 2 2 2 1
氯化钾        2 2 1 1 1 1 1 2 2 3 2 1 1 3 2
草木灰        3 3 3 3 1 3 3 3 1 3 3 3 2 3 3 3 2 3
人粪尿        2 2 3 2 3 2 1 1 2 2 2 3 2 1 2 2 2 2 3
堆肥、圈肥    2 2 3 2 3 2 1 1 2 2 2 2 3 2 1 2 2 3 2      2
石灰          3 3 3 3 1 3 3 3 2 3 3 2 3 2 2 3 2 2 3 3 3
```

```
                                        磷
                  重 沉 矿                        堆
        碳          硝 硫      过 过 钙 淀 钢 粉            人  肥
    硫 氯 酸      硝 硫 酸 硝  石 磷 磷 镁 磷 渣  磷 硫 氯 草  畜
    酸 化 氢 氨  酸 酸 酸 尿 灰 酸 酸 磷 酸 磷 骨 酸 酸 化 木 粪 圈
    铵 铵 铵 水  铵 钙 钙 铵 素 氮 钙 钙 肥 钙 肥 粉 铵 钾 钾 灰 尿 肥
```

注：1表示可以混合施用，2表示混合后立即施用，3表示不能混合施用。

参考文献

1. 金耀青，张中原．配方施肥方法及其应用．辽宁科学技术出版社，1993

2. 陆景陵等．土壤与肥料．中国农业出版社，1994

3. 杜相革，王慧敏，王瑞刚．有机农业原理和种植技术．中国农业大学出版社，2002

4. 贾小红，黄元仿，徐建堂．有机肥料加工与施用．化学工业出版社，2002

5. 贺建德，廖洪编．新型肥料施用指南．台海出版社，2004

6. 张秀省，戴明勋，张复君．无公害农产品标准化生产．中国农业科学技术出版社，2002

7. 李晓林，张福锁，米国华．平衡施肥与可持续优质蔬菜生产，中国农业大学出版社，2000

8. 高桥英一等．植物营养元素缺乏与过剩诊断．吉林科学技术出版社，2002

9. 褚天铎等．化肥科学使用指南．金盾出版社，2002

10. 张福锁．养分资源综合管理．中国农业大学出版社，2003

11. 张福锁．测土配方施肥技术要览．中国农业大学出版社，2006

12. 陆景陵，胡霭堂．植物营养学．中国农业大学出版社，2004

13. 鲍士旦．土壤农化分析．中国农业出版社，2000

14. 浙江农业大学．植物营养与肥料．北京农业出版社，1990

15. 陈伦寿，李仁岗．农田施肥原理与实践．农业出版社，1984

16. 高祥照，马常宝，杜森．测土配方施肥技术．中国农业出版社，2005

17. 陈伦寿，陆景陵．蔬菜营养与施肥技术．中国农业出版社，2002

顺义区大孙各庄镇番茄测土配方施肥示范基地

房山豆角测土配方施肥—田间取土

密云县黍谷镇配方肥连锁店

通州区配方肥入户发放仪式

黄瓜测土配方施肥试验

茄子测土配方施肥田间试验

生菜测土配方施肥田间试验

蔬菜间作施肥

大白菜测土配方施肥田间试验

大椒测土配方施肥田间试验

新型施肥器应用在菜田滴灌施肥上

顺义区实施农业部测土配方施肥富民项目启动仪式

北京市新农村建设试点村测土配方施肥入户启动仪式

配方肥的运送

入户调查施肥情况

田间调查施肥情况

北京市新农村测土配方施肥示范村

西瓜测土配方施肥田间试验

蔬菜测土配方施肥田间试验

土样前处理——风干